建筑业农民工业余学校培训教材

油 漆 工

建设部人事教育司组织编写

中国建筑工业出版社

图书在版编目(CIP)数据

油漆工/建设部人事教育司组织编写. —北京：中国建筑工业出版社，2007

(建筑业农民工业余学校培训教材)

ISBN 978-7-112-09643-5

Ⅰ.油… Ⅱ.建… Ⅲ.建筑工程-油漆-技术培训-教材 Ⅳ.TU767

中国版本图书馆 CIP 数据核字(2007)第 159736 号

建筑业农民工业余学校培训教材

油 漆 工

建设部人事教育司组织编写

*

中国建筑工业出版社出版、发行(北京西郊百万庄)

各地新华书店、建筑书店经销

北京天成排版公司制版

北京中科印刷有限公司印刷

*

开本：787×1092 毫米 1/32 印张：4⅜ 字数：96 千字

2007 年 11 月第一版 2015 年 9 月第三次印刷

定价：**11.00** 元

ISBN 978-7-112-09643-5

(26497)

本书是依据国家有关现行标准规范并紧密结合建筑业农民工相关工种培训的实际需要编写的，主要内容包括：涂料和涂料施工常用机具、工具，基层处理，涂饰施工基本技法，涂饰施工工艺、质量控制和安全防护等几个方面。本书内容简单明了，语言通俗易懂。

本书可作为建筑业农民工业余学校的培训教材，也可作为建筑业工人的自学读本。

*　　*　　*

责任编辑：朱首明　杨　虹
责任设计：董建平
责任校对：王　爽　安　东

建筑业农民工业余学校培训教材审定委员会

建筑业农民工业余学校培训教材
编写委员会

主　编：孟学军

副主编：龚一龙　朱首明

编　委：（按姓氏笔画排序）

马岩辉　王立增　王海兵　牛　松

方启文　艾伟杰　白文山　冯志军

伍　件　庄荣生　刘广文　刘凤群

刘善斌　刘黔云　齐玉婷　阮祥利

孙旭升　李　伟　李　明　李　波

李小燕　李唯谊　李福慎　杨　勤

杨景学　杨漫欣　吴　燕　吴晓军

余子华　张莉英　张宏英　张晓艳

张隆兴　陈葶葶　林火桥　尚力辉

金英哲　周　勇　赵芸平　郝建颇

柳　力　柳　锋　原晓斌　黄　威

黄水梁　黄永梅　黄晨光　崔　勇

隋永舰　路　明　路晓村　阚咏梅

序　言

农民工是我国产业工人的重要组成部分，对我国现代化建设作出了重大贡献。党中央、国务院十分重视农民工工作，要求切实维护进城务工农民的合法权益。为构建一个服务农民工朋友的平台，建设部、中央文明办、教育部、全国总工会、共青团中央印发了《关于在建筑工地创建农民工业余学校的通知》，要求在建筑工地创办农民工业余学校。为配合这项工作的开展，建设部委托中国建筑工程总公司、中国建筑工业出版社编制出版了这套《建筑业农民工业余学校培训教材》。教材共有12册，每册均配有一张光盘，包括《建筑业农民工务工常识》、《砌筑工》、《钢筋工》、《抹灰工》、《架子工》、《木工》、《防水工》、《油漆工》、《焊工》、《混凝土工》、《建筑电工》、《中小型建筑机械操作工》。

这套教材是专为建筑业农民工朋友"量身定制"的。培训内容以建设部颁发的《职业技能标准》、《职业技能岗位鉴定规范》为基本依据，以满足中级工培训要求为主，兼顾少量初级工、高级工培训要求。教材充分吸收现代新材料、新技术、新工艺的应用知识，内容直观、新颖、实用，重点涵盖了岗位知识、质量安全、文明生产、权益保护等方面的基本知识和技能。

希望广大建筑业农民工朋友，积极参加农民工业余学校的培训活动，增强安全生产意识，掌握安全生产技术；认真学习，刻苦训练，努力提高技能水平；学习法律法规，知法、懂法、守法，依法维护自身权益。农民工中的党员、团员同志，要在学习的同时，积极参加基层党、团组织活动，发挥党员和团员的模范带头作用。

愿这套教材成为农民工朋友工作和生活的“良师益友”。

建设部副部长：黄卫

2007年11月5日

前　言

本书为建筑企业农民工培训教材之一，在编撰过程中，紧密结合当前建筑施工培训的实际需要，力求使培训教材重点突出具有实用性、针对性，适合建筑行业工人自学使用及作为农民工夜校的培训教材。

本书还依据《建筑装饰装修工程质量验收规范》GB 50204—2002 及其他有关国家现行规范、标准和规程进行编写。其内容主要包括涂料及涂料施工常用工具、机具，基层处理，涂饰施工基本技法，涂饰施工工艺、质量控制和安全防护等几个方面。本书内容简单明了，图文并茂，语言通俗易懂，注重对操作的指导，直接服务于一线从业人员。

教材编写时还参考了已出版的多种相关培训教材，对这些教材的编作者，在此一并表示谢意。

本教材由金英哲主编，杨景学、黄永梅参编；杨勤、阮祥利主审，并为本书稿提出了宝贵的修改意见，特此致谢。

在《油漆工》的编写过程中，虽经推敲核证，但限于编者的专业水平和实践经验，仍难免有不妥甚至疏漏之处，恳请各位同行提出宝贵意见，在此表示感谢。

编者

2007 年 9 月

目　录

一、涂料……1
（一）涂料的组成……1
（二）常用建筑涂料……2
（三）新型建筑涂料……5
（四）涂刷施工辅助材料……7
（五）特种涂料……7
二、涂料施工常用工具、机具……9
（一）手工工具……9
（二）常用机具……15
三、基层处理……22
（一）木质面基层处理……22
（二）金属面基层处理……24
（三）其他物面基层处理……25
（四）旧涂膜处理……28
四、涂饰施工基本技法……30
（一）调配……30
（二）嵌批……31
（三）打磨……34
（四）擦揩……36
（五）常用涂饰工艺技法……40
五、涂饰施工工艺……49
（一）普通油性涂料施工工艺……49
（二）普通水乳性涂料施工工艺……66

（三）溶剂型涂料施工工艺 …… 73
（四）美术油漆施工工艺 …… 83
（五）特种涂料施工工艺 …… 90
（六）新型涂料施工工艺 …… 94
（七）裱糊施工工艺 …… 100
六、质量控制 …… 110
（一）油漆工程质量标准 …… 110
（二）喷(刷)浆工程质量标准 …… 111
（三）裱糊工程质量标准 …… 114
七、安全防护 …… 117
（一）油漆工安全操作规程 …… 117
（二）涂料施工中的安全防护措施 …… 119
（三）油漆工程作业安全技术措施 …… 125
参考文献 …… 127

一、涂　　料

（一）涂 料 的 组 成

涂料的品种繁多，但归纳起来其组成物质主要是胶粘剂、颜料、溶剂及辅助材料。

1. 胶粘剂

胶粘剂是组成涂料的基本物质，也是主要成膜物质，它可以单独成膜，也可以胶粘颜料等共同成膜。胶粘剂可分成油料和树脂两大类。

2. 颜料

颜料在涂料中是次要成膜物质，它是微细粉末状的有色物质，不溶于水和油，微溶于有机溶剂，但能均匀地分散于水和油中，而被广泛地应用于涂料中。

颜料品种的分类，按化学成分分为：有机颜料和无机颜料；按其在涂料中的作用分为：着色颜料、防锈颜料和体质颜料。

3. 溶剂

凡能溶解植物油、树脂、纤维素衍生物、沥青、虫胶等成膜物质的、易挥发的有机溶液称为溶剂。

（1）溶剂在涂料中的作用

1）溶解成膜物质，降低涂料的黏度，便于施工操作；

2）增加涂料贮存的稳定性，减少表面结皮；

3）增强涂层的附着力，改善涂膜的流平性。

（2）溶剂的分类

根据其作用可分为真溶剂、助溶剂、稀释剂三类。

4. 辅助材料

辅助材料又名辅助剂，加入辅助材料的目的是为了改进涂料的性能，其掺量虽少，但作用很显著。常用的辅助材料有催干剂、增塑剂、分散剂、固化剂、消泡剂、防沉降剂、防结皮剂、防霉剂等。

（二）常用建筑涂料

1. 清油

代号00，又称熟油、鱼油、调漆油。可用于调制厚漆和防锈漆，也可单独使用，但油膜柔软，易发黏可作为木材面打底。

2. 清漆

代号01，以树脂为主要成膜物质，分油基清漆和树脂清漆两类。清漆是一种不含颜料的透明涂料，常用的品种及用途如下：

（1）虫胶清漆——干燥快，漆膜坚硬、光亮，适于木材面找底和高级家具出光，缺点是耐水、耐候性差，日光暴晒会失光，热水浸烫会泛白。一般用于木器家具的涂饰。

（2）酯胶清漆——漆膜光亮耐水性好，但光泽不持久，干燥性较差，适于木制家具、门窗、板壁的涂刷和金属表面罩光。

（3）酚醛清漆——干燥较快，漆膜坚硬耐久、耐水、耐热、耐弱酸碱。缺点是较脆，易泛黄。适用于木器家具表面的罩光和不常碰撞的物件及设备的表面。

(4) 醇酸清漆——耐久性、附着力比酯胶清漆和酚醛清漆都好，耐水性仅次于酚醛清漆，适用于喷刷室内外金属、木材表面。

(5) 硝基清漆——漆膜具有良好的光泽度和耐久性，具有快干、坚硬、耐磨等优点，适用于高级建筑的门窗、板壁、扶手等的装修。

(6) 丙烯酸清漆——可常温干燥，具有良好的耐气候性、耐光性、耐热性、防霉性及附着力，但耐汽油性较差。适用于喷涂经阳极化处理过的铝合金表面，起保护作用。

除上述外，如沥青清漆(L01—6)、偏氯乙烯清漆(X01—5)、过氯乙烯清漆(G01—5)、环氧清漆(H01—1)、聚氨酯清漆(S01—2)等，均具有耐腐蚀的性能，用作金属表面或混凝土、木材表面的防酸、碱、盐等的腐蚀。

3. 厚漆

代号02，又名铅油。是用颜料与干性油混合研磨而成，呈厚浆状，需加清油溶剂搅拌后使用。厚漆也可用来调配色漆和腻子。

4. 调合漆

代号03，是色漆。原意为已经调合处理，开桶后不必添加任何材料即可涂刷。调合漆分油性和磁性两类。

油性调合漆附着力好，不易脱落、龟裂、松化，经久耐用，但干燥较慢，漆膜较软，适于室外饰面的涂刷。

磁性调合漆干燥较油性调合漆好，漆膜较硬，光亮，平滑，但抗气候变化的能力较油性调合漆差，易失光龟裂，故用于室内较为适宜。该漆又称为酯胶调合漆。

5. 磁漆

代号04，是色漆的一种，漆膜光亮、平整、细腻、坚硬，外观类似于陶瓷或搪瓷。常用的磁漆有：酚醛磁漆、醇酸磁漆。

6. 底漆

代号06，是直接涂施于物体表面的第一层涂料，作为面层涂料的基础。底漆涂层对基层有良好的附着力，并与面层涂料结合牢固，与面层涂料互相适应。底漆又分为金属表面底漆、木材表面底漆、混凝土或抹灰面底漆。

7. 腻子

代号07，填嵌于物体表面缺陷和裂缝处的膏状或厚浆状材料。主要有玻璃腻子、嵌缝腻子、表面处理腻子。

8. 乳胶漆、水溶漆

代号08，广泛应用于建筑业，主要有聚乙酸乙烯乳胶漆、丙烯酸酯共聚物乳胶漆、苯乙烯—丙烯酸酯共聚物乳胶漆。后两种乳胶漆有较好的耐候性，可用于室外装修。

9. 大漆

代号09，漆膜坚固耐用，光亮长久如镜，不裂、不粘，耐酸、耐腐蚀。缺点是干燥慢，要在潮湿的环境下才能干燥结膜，操作复杂，有毒、易伤皮肤，因而一般不直接使用，而是采用酸性的生漆精制品。一般用于木器家具、门窗、室内陈设物的贴金、罩光。

10. 防锈漆

代号53，有油性防锈漆和树脂防锈漆两类。油性防锈漆特点是油脂的渗透性、润湿性较好，漆膜经充分干燥后附着力、柔韧性好，对于被涂物表面处理不像树脂防锈漆那样要求严格。防锈漆中红丹油性防锈漆(Y53—31)一直被认为是黑色金属优良的防锈涂料。但干燥较慢，漆膜软，目前正为其他防锈漆所取代。树脂防锈漆以各种树脂作主要成膜物质，有红丹酯酸防锈漆(T53—31)、红丹酚醛防锈漆(F53—31)、锌黄酚醛防锈漆(F53—34)、红丹醇酸防锈漆(C53—31)等。

(三) 新型建筑涂料

1. 内墙及顶棚涂料　内墙涂料品种很多，按成膜物质可以分为：

(1) 聚乙烯醇水玻璃内墙涂料：通称“106 涂料”，水溶性，无毒、无嗅，涂层细腻光滑，附着力好，干燥快，能在稍潮湿一点的抹灰面、混凝土、砖石、石膏板墙面上涂刷。能配成各种颜色，还可漆涂花纹。

(2) 聚醋酸乙烯涂料：如 X08-1 聚醋酸乙烯内墙乳胶漆，以及聚醋酸乙烯与硅溶胶混溶物为基料的高级内墙涂料、JQ-831 耐擦洗内墙涂料。

(3) 丙烯乳液涂料：有较好的耐碱腐蚀性及耐水性，可擦洗，能长期保持光泽和色彩，可用于较高级的住宅及各种公共建筑物的内墙装饰。

(4) 乙-丙共聚乳胶涂料：醋酸乙烯与丙烯酸酯共聚物，有良好的耐水、防潮、耐碱性能，涂刷方便，易于施工，适用于高级的内墙面装饰。

(5) 氯-醋-丙共聚乳液涂料：无毒、无味、不燃，具有较好的耐水、耐碱性，粘结力好，常温成膜。

(6) 改性硅酸钠涂料：如 JHN-841 耐擦洗内墙涂料，为粘结度高又耐擦洗的无机建筑涂料，具有价格低、耐擦洗、耐酸碱、耐老化、耐高温等特点，适用于机关、厂矿、学校、医院、饭店及城乡民用住宅的内墙面装饰。

（7）氯-偏共聚乳液涂料：206 内墙涂料即以此为主要成膜物质，掺加多种填料、助剂加工而成。具有良好的耐水、耐碱、耐化学腐蚀性能。涂刷性能良好，成膜均匀，无毒、无味，可在稍潮湿的基层上施工，属中档材料。

2. 外墙涂料　外墙涂料以其涂膜型式的质感，可分为浮雕型涂料、彩砂涂料、厚质涂料和薄质涂料。

（1）浮雕型涂料：称“华丽喷砖”、“波昂喷砖”，涂膜花纹呈现凹凸状，富有立体感，适用于水泥砂浆、混凝土、石棉水泥板、石膏板、砖墙等内外墙面。无毒、无味，具有较强的耐候性、耐水性、耐碱性和保色性。可用喷涂、喷抹或喷滚法施工。

（2）彩砂涂料：以丙烯酸乳液为粘结剂，彩色石英砂瓷粒或云母粉为骨料，加各种助剂制成，具有无毒、无溶剂污染、快干、不燃、耐光、保色、抗污染等特点，适用于板材及水泥砂浆抹面的外墙装饰。

（3）厚质涂料：涂层具有较厚重的质感，可采用喷、滚、刷等不同的施工方法做出不同质感的花纹。

（4）薄质涂料：质感细腻，用量较省，亦可用于内墙涂饰。

（5）地面涂料：地面涂料随着高分子化学工业的发展，已逐渐从油漆地板的各种油漆发展到各种合成树脂或高分子乳液加掺合材料，主要有：过氯乙烯地面涂料、聚乙烯醇缩醛厚质地面涂料、聚醋酸乙烯乳液厚质地面涂料、苯乙烯地面涂料、环氧树脂地面涂料、聚氨酯地面涂料等。

（四）涂刷施工辅助材料

涂料施工中除了大量采用油漆涂料与各种新型建筑涂料外，还需采用传统刷浆材料及附属材料，主要有：石灰、大白、可赛银粉、石膏粉、滑石粉、羧甲基纤维素、108 胶、白乳胶、甲基硅醇钠防水剂、品色颜料、石性颜料、蜡、沸石粉等。

（五）特种涂料

在建筑物的一些特殊部位，还需采用一些有特殊功能(如防腐、防霉、防水、防火、绝缘等)的涂料，这些涂料称为特种涂料。

1. 防火涂料

现代建筑中的钢结构、木结构、吊顶、隔墙和许多装饰材料、电缆等是消防的重点对象，为提高其耐火能力，需要用防火涂料对其进行处理。

常用的有：膨胀型丙烯酸防火乳胶漆、ST_1-A 型钢结构防火涂料、酚醛防火漆、过氯乙烯防火漆、无机防火漆等。

2. 防水涂料

在厨房、浴室、盥洗室、厕所等经常与水接触的场所，通过使用防水涂料，形成一层连续的涂层，弥补被施涂的物体表面存在的裂纹、孔洞、不密实等缺陷，从而改善防水性能。

常见的有：乳液型防水涂料、溶剂型防水涂料、反应型防水涂料。

3. 防腐涂料

建筑物处在酸、碱、盐及各种溶剂等化学介质中及大自然的风、露、雨、雪的物理、化学作用下，会产生腐蚀。因此，防腐涂料应具有对腐蚀介质不发生化学反应，有较好的抗渗性或耐候性，与基层有较好的粘结力，有的还需一定的装饰性能。

常用的有：沥青漆、环氧树脂漆、过氯乙烯漆、甲酸酯漆、醋酸乙烯氯乙烯漆、苯乙烯焦油涂料、耐氨涂料、聚氨基沥青涂料、氯化聚氯乙烯涂料及我国的特产——大漆等。

4. 防霉涂料

适用于经常处在潮湿环境的建筑物表面，如地下室、糖果厂、罐头食品厂、酒厂及易霉变的墙面、顶棚、地面的涂饰。

常用的防霉涂料有：丙烯酸乳液外用防霉涂料、亚麻子油型外用防霉涂料、醇酸外用防霉涂料、聚醋酸乙烯防霉涂料、氯-偏共聚乳液防霉涂料等。

二、涂料施工常用工具、机具

油漆施工通常以手工作业为主，不仅要求工人有熟练的技术，还需采用得心应手的工具。古语“工欲善其事，必先利其器”，就是说工具的重要性。会选择、使用，必要时自制一些工具，是油漆工必须掌握的。油漆工具种类极多，大致可分为除锈工具、做腻子工具、刷涂工具、喷涂工具、美工油漆工具等。下面简要介绍一些常用工具。

（一）手 工 工 具

1. 涂刷工具

涂刷工具：它是使涂料在物面上形成薄而均匀涂层的工具，常用的有排笔、油漆刷、漆刷、棕刷、底纹笔等。

（1）排笔

排笔是手工涂刷的工具，用羊毛和细竹管制成。每排可有4管至20管多种。4管、8管的主要用于刷漆片。8管以上的用于墙面的油漆及刷浆较多。排笔的刷毛较毛刷的鬃毛柔软，适于涂刷黏度较低的涂料。

1）排笔选择以长短适度，弹性好，不脱毛，有笔锋的为好。涂刷过的排笔，必须用水或溶剂彻底洗净，将笔毛持直保管，以保持羊毛的弹性。

2）排笔使用涂刷时，用手拿住排笔的右角，一面用大拇指压住排笔，另一面用四指握成拳头形状，如图 2-1 所示。用排笔从容器内蘸涂料时，大拇指要略松开一些，笔毛向下，如图 2-2 所示。

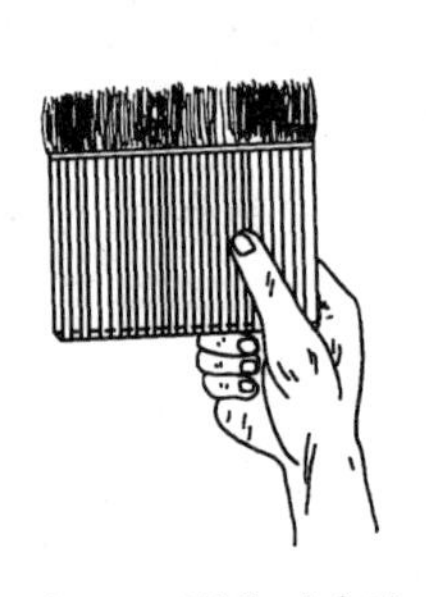

图 2-1　刷浆时拿法

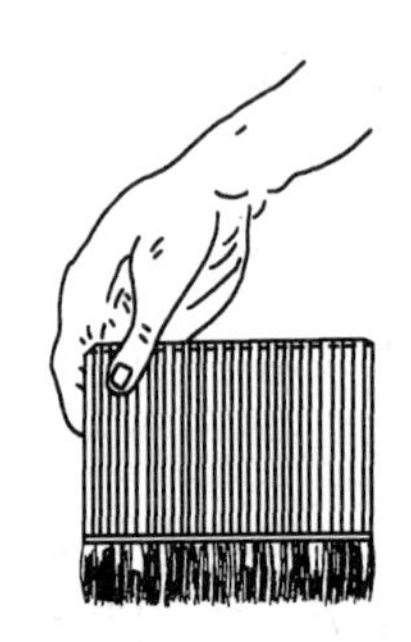

图 2-2　蘸浆时拿法

(2) 油刷

油刷是用猪鬃、铁皮制成的木柄毛刷，是手工涂刷的主要工具。油刷刷毛的弹性与强度比排笔大，故用于涂刷黏度较大的涂料，如酚醛漆、醇酸漆、酯胶漆、清油、调合漆、厚漆等油性清漆和色漆。各种形状的毛刷如图 2-3 所示。毛

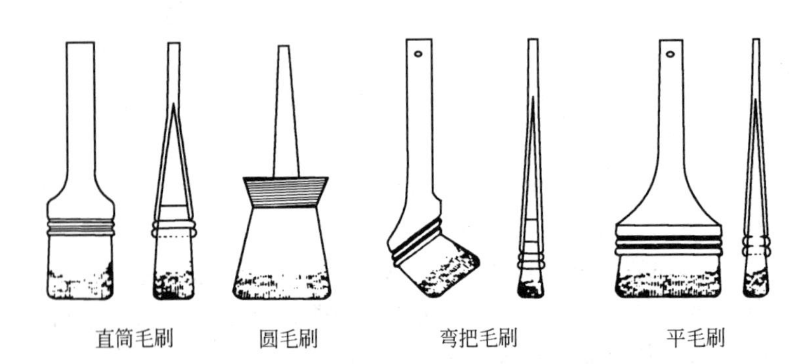

图 2-3　毛刷的形状

刷的选用按使用的涂料来决定。使用的处理如图 2-4 所示。油刷的拿法如图 2-5 所示。

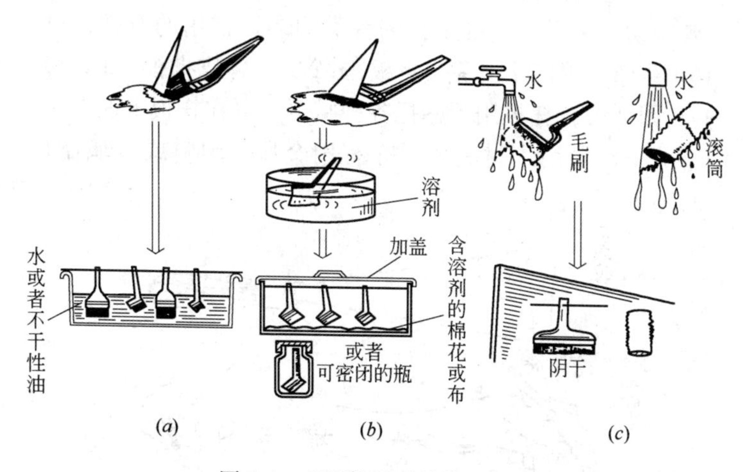

图 2-4　毛刷使用后的处理方法

(*a*)刷油性类涂料毛刷的处理；(*b*)刷硝基纤维涂料和紫虫胶调墨漆（清漆）毛刷的处理；(*c*)刷合成树脂乳剂涂料毛刷的处理

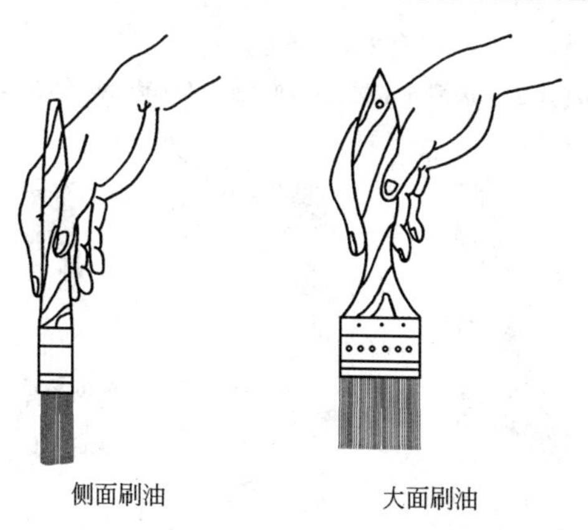

图 2-5　油刷拿法

2. 嵌批工具

正确选用嵌批工具对腻子涂层的平整度和提高劳动效率有着密切的关系。嵌批工具的种类很多，常用的有铲刀(图2-6)，牛角翘(图2-7)，钢皮批板(图2-8)，橡皮批板(图2-8)，脚刀(图2-9)。托板用于盛托各种腻子，可在托板上面调制、混合腻子，多用木材制成，亦有用金属、塑料或玻璃制成(图2-10)等。

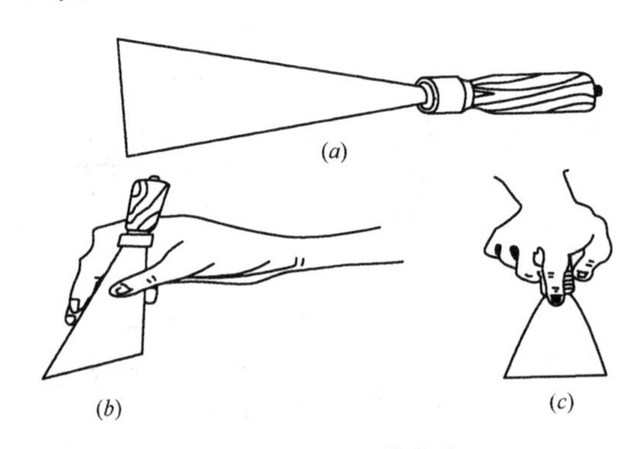

图2-6　铲刀及其拿法

(*a*)铲刀；(*b*)清理木材面时的拿法；(*c*)调配腻子时的拿法

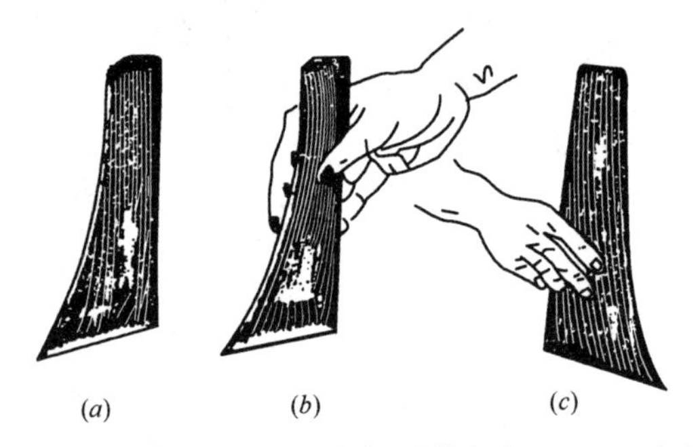

图2-7　牛角翘及其拿法

(*a*)牛角翘；(*b*)嵌腻子时拿法；(*c*)批刮腻子时拿法

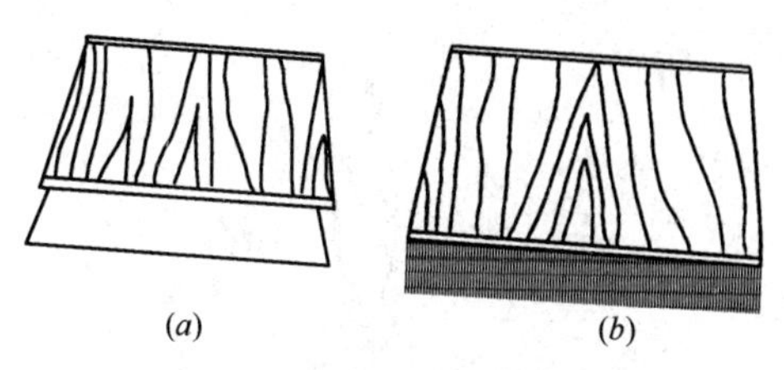

图 2-8　钢皮批板与橡皮批板

(a)钢皮批板；(b)橡皮批板

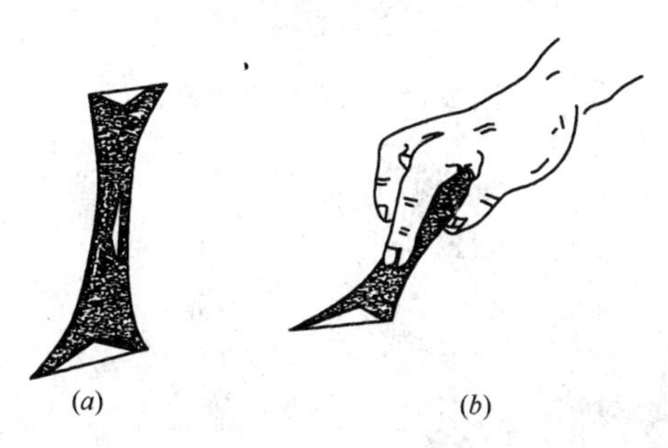

图 2-9　脚刀及其握法

(a)脚刀；(b)脚刀握法

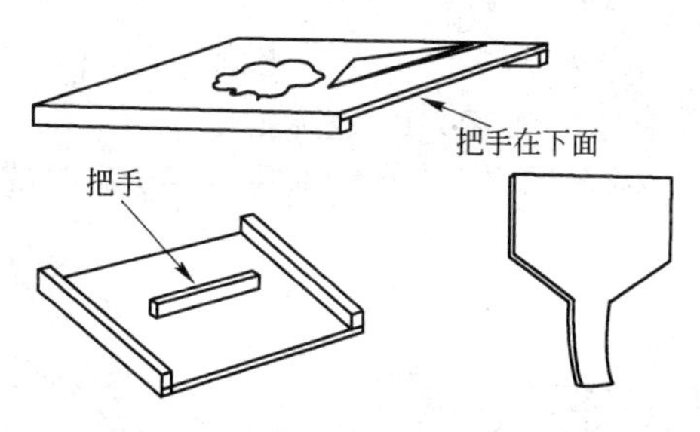

图 2-10　托板

3. 滚涂工具

辊具分为一般滚涂工艺用辊具(图 2-11)和艺术滚涂工艺用辊具(图 2-12)及毛辊配套的辅助工具——涂料底盘和辊

网，如图 2-13 所示。

图 2-11　人造绒毛辊具

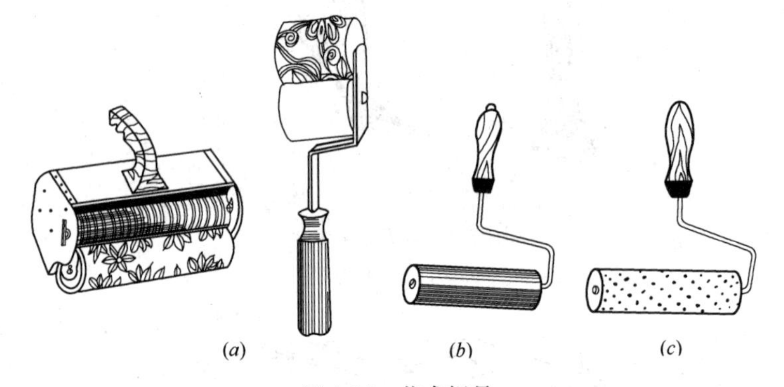

图 2-12　艺术辊具

(a)橡胶滚花辊具；(b)硬橡皮辊具；(c)泡沫塑料辊具

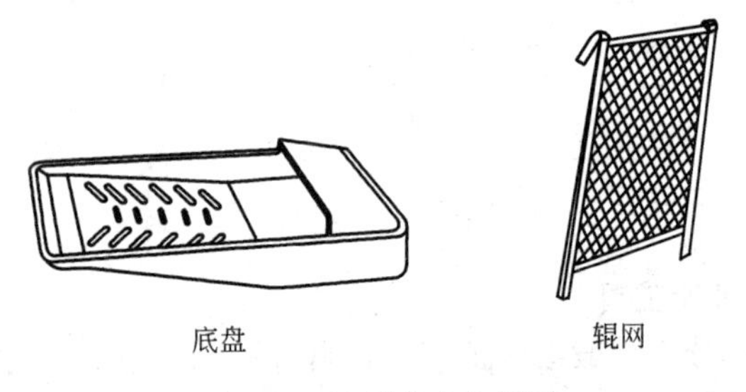

图 2-13　涂料底盘和辊网

4. 除锈工具

手工除锈是一种最简单的除锈方法，也是建筑工程中金属结构及其他钢铁构件常用的除锈方法之一。目前常用的除锈工具有铲刀、弯头刮刀、钢丝刷、锉刀、砂轮、尖头锄头等，如图 2-14 所示。

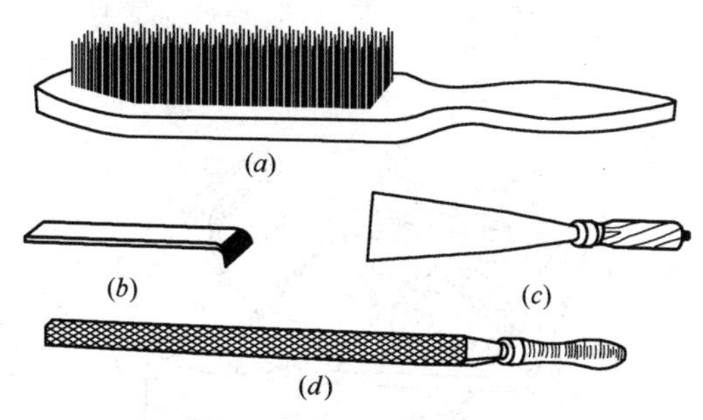

图 2-14　手工除锈工具

(*a*)钢丝刷；(*b*)弯头刮刀；(*c*)铲刀；(*d*)锉刀

手工除锈劳动强度大，工效低，铁锈皮屑飞溅有碍操作者的健康，而且除锈的效果不理想，常用于对清理要求不高的一些金属面层的除锈。

（二）常 用 机 具

涂料施工常用的机械、机具有：喷涂机械、除锈机械、手提式电动搅拌机、磨砂皮机和弹涂机等。

1. 喷涂机具喷涂机械

(1) 手推式喷浆机如图 2-15 所示。

(2) 电动喷浆机构造如图 2-16 所示。

(3) 手提斗式喷枪如图 2-17 所示。

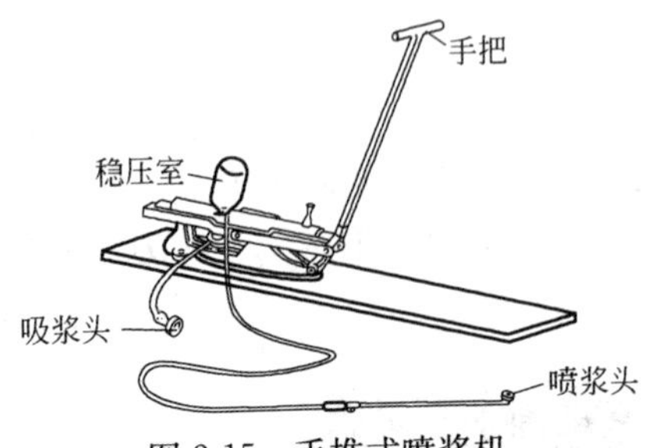

图 2-15　手推式喷浆机

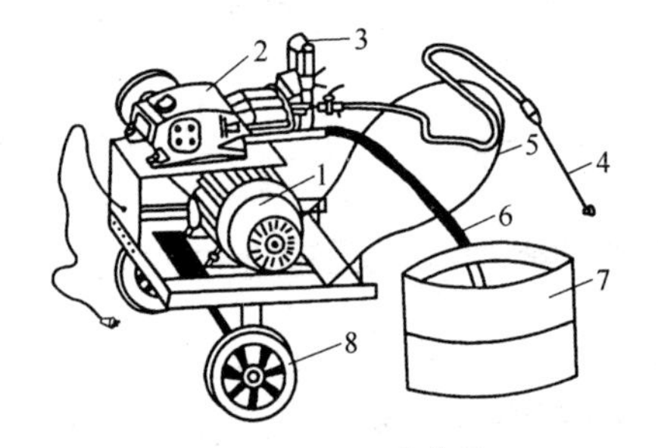

图 2-16　电动喷浆机

1—电动机；2—活塞泵；3—稳压室；4—喷浆头；
5—手把；6—吸浆管；7—贮浆桶；8—轮子

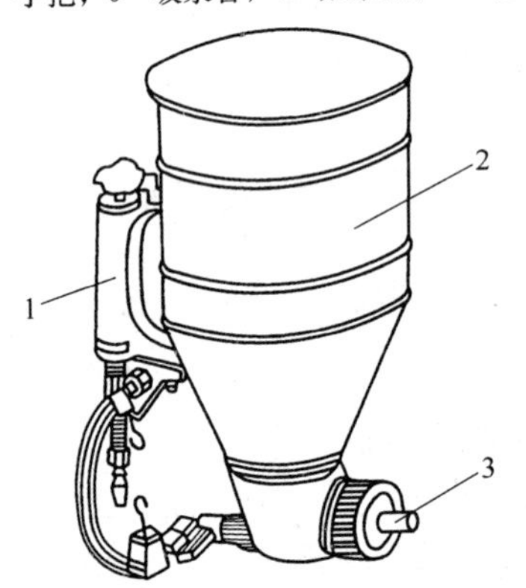

图 2-17　手提斗式喷枪

1—手柄；2—喷枪装料斗；3—喷料嘴

（4）喷漆枪有吸出式喷枪、对嘴式喷枪、流出式喷枪、压力供漆喷枪及高压无气喷枪，如图 2-18 所示。

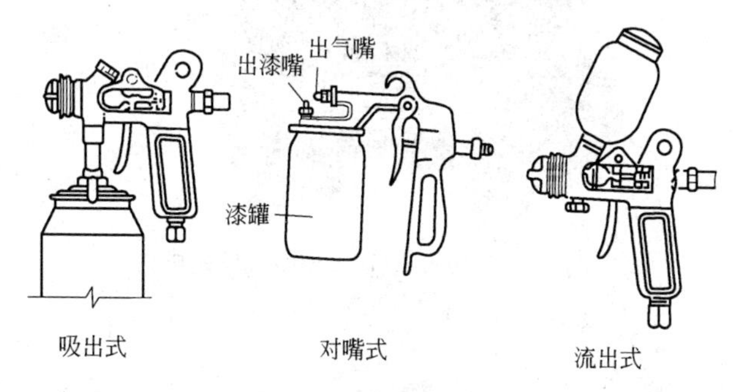

图 2-18　喷枪型式

（5）高压无气喷涂机如图 2-19 所示。

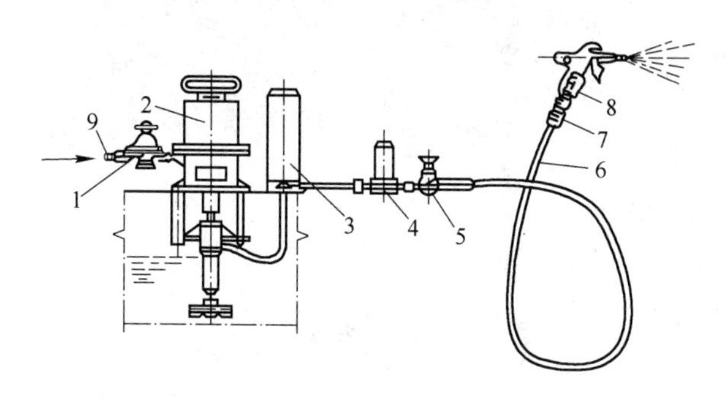

图 2-19　高压无气喷涂机设备示意

1—调压阀；2—高压泵；3—蓄压器；4—过滤器；5—截止阀门；6—高压胶管；7—旋转接头；8—喷枪；9—压缩空气入口

（6）空气压缩机如图 2-20 所示。

（7）手提式涂料搅拌器如图 2-21 所示。

（8）手提式搅拌机如图 2-22 所示。

图 2-20　2V-0.3/10A 型空气压缩机

1—电动机；2—压缩机；3—贮气筒

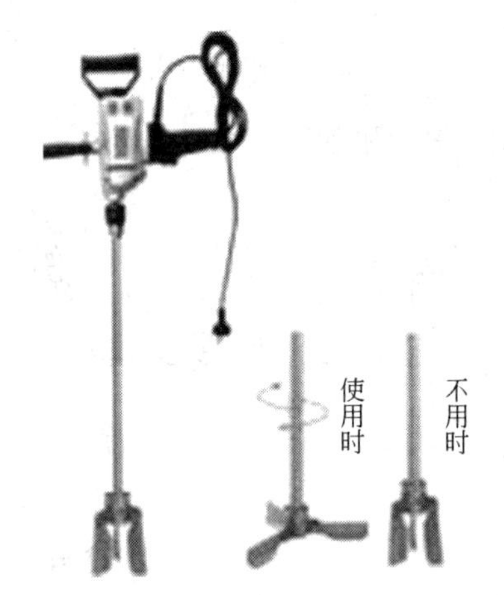

图 2-21　手提式涂料搅拌器

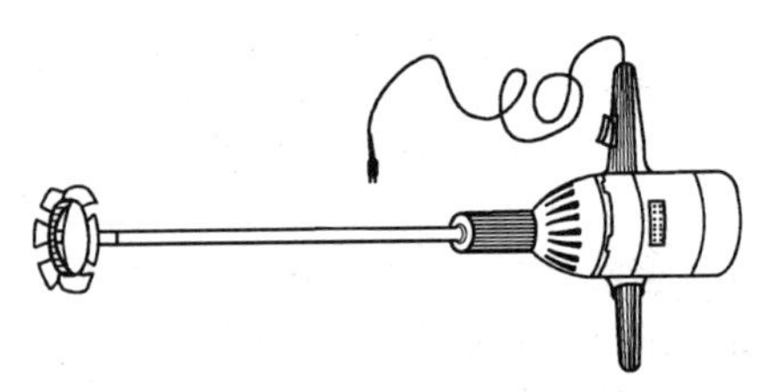

图 2-22　手提式搅拌机

2. 除锈机具

常用的除锈机具有手提式角向磨光机，如图 2-23 所示。电动刷、风动刷、烤铲枪，如图 2-24 所示。圆盘打磨机如图 2-25 所示。喷射设备电动砂皮机，如图 2-26 所示。8201 型彩色弹涂机，如图 2-27 所示。

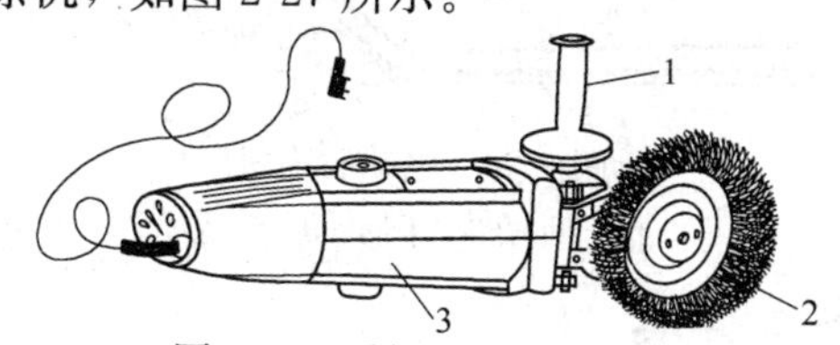

图 2-23　手提式角向磨光机

1—手柄；2—刷盘；3—磨光机主体部分

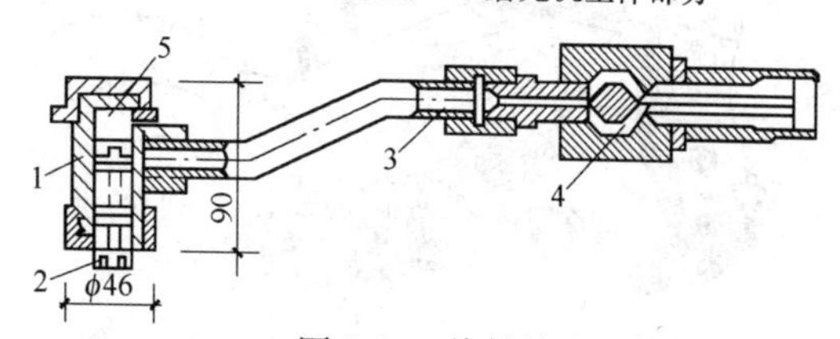

图 2-24　烤铲枪

1—套筒；2—敲铲头；3—手柄；4—开关；5—气罐

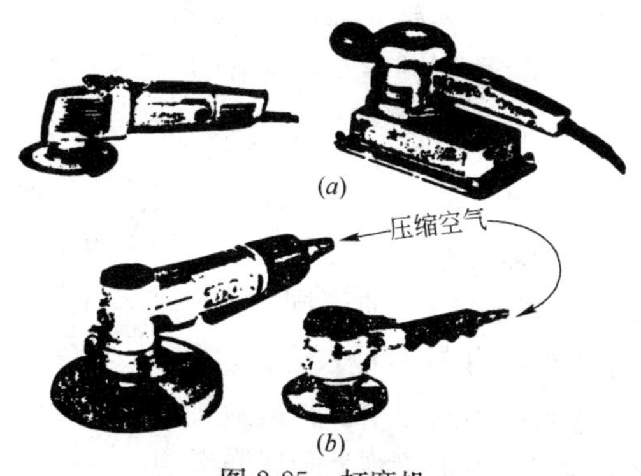

图 2-25　打磨机

(*a*)电动打磨机；(*b*)气动打磨机

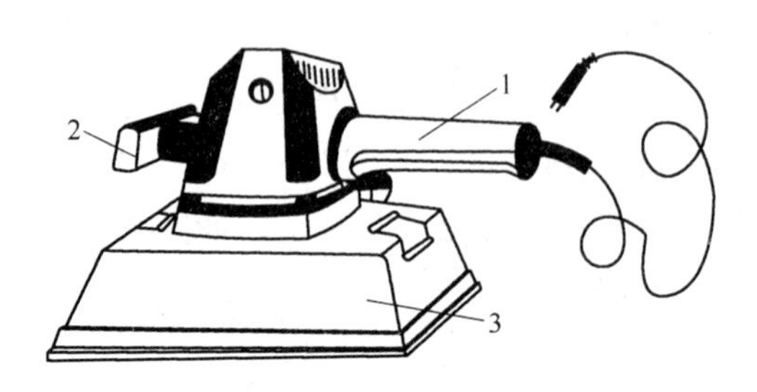

图 2-26　电动砂皮机

1—手柄；2—手柄；3—底座

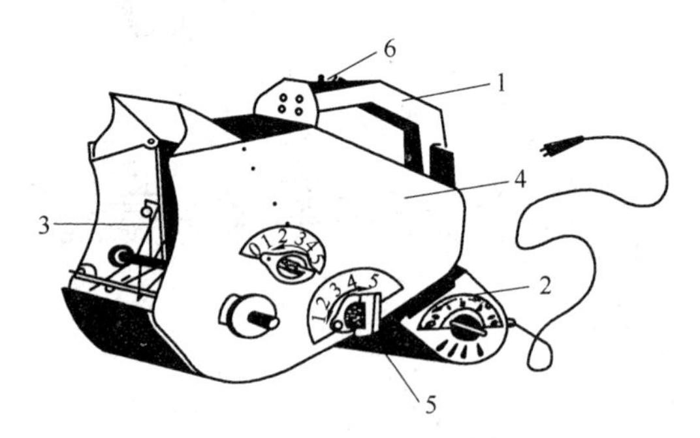

图 2-27　8201 型彩色弹涂机

1—手柄；2—微电机；3—弹棒；

4—料斗壳体；5—流量开关；6—开关

3. 漏板

在制作美工油漆时，需要通过刷涂或喷涂使涂饰面显现出花或字，这种涂饰花、字的专用工具称为漏板。分实心板和空心板两种。按漏板材质不同，可分为丝绢漏板(分纸丝绢漏板和涂膜丝绢漏板两种)、薄板漏板、丝棉漏板。它们是喷涂假大理石花纹的专用工具适应不同的使用场合。金属漏板有铁漏板和铜漏板统称为金属漏板。

4. 油漆桶及滤网

刷涂油漆时，调配、过滤、刷涂、稀释都需要油漆桶（图 2-28）。油漆过滤网(图 2-29)。

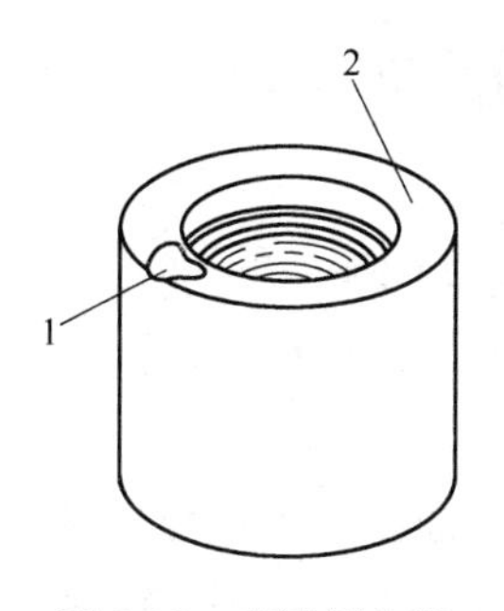

图 2-28　喷漆用小桶

1—倒油漆口；2—外圈盖

图 2-29　油漆过滤网

5. 擦涂工具

它包括以手工操作完成涂漆、上色、擦光的工具。常用的工具有纱包、软细布、头发、刨花、磨料等。

6. 其他工具

划线刷、画笔、漆刷、钢丝刷和木提桶、钢皮、直尺、油勺、漏斗、线袋、线坠、刻刀、卷尺、划线笔等，不再一一赘述。

三、基层处理

涂料工程能否符合质量要求，除和涂料本身的质量有关外，施工质量是关键。在施工中，基层表面处理的质量，将直接影响涂膜的附着力、使用寿命和装饰效果。

基层处理是指在嵌批腻子和刷底油前，对物面自身质量疵病和外因造成的质量缺陷以及污染，采用各种方法进行消除、修补的过程。它是装饰施工中的一个重要环节。

根据建筑装饰要求需要进行处理的基层大致有木材面、抹灰面、金属面、旧涂膜、其他物面。

（一）木质面基层处理

木材是一种天然材料，经加工后的木制品件，其表面往往存在纹理色泽不一，节疤，含松脂等缺陷。为了使木装饰做得色泽均匀，涂膜光亮，美观大方，除要求施涂技术熟练外，在施涂前，做好木制品件的基层表面处理（特别是施涂浅色和本色涂料的木材基层处理）是关键。

1. 清理

木制品在机械加工和现场施工过程中，表面难免留下各种污迹。如墨线、笔线、胶水迹、油迹、水泥砂浆和石灰砂浆等。所以在涂饰前一定要将这些污迹清理干净。

白胶、黑迹、铅笔线一般采用小刀或玻璃细心铲刮后再磨光。砂浆灰采用铲刀刮除，再用砂纸打磨，除去痕迹。油迹一般采用香蕉水，松香水抹除。水罗松污迹要用虫胶清漆封闭，不然会出现咬色的现象。

2. 打磨

木家具和建筑木装饰完工后，除采用上述的各种处理方法和手段弥补其表面缺陷外，还必须进行一道全面的砂磨工序。

砂磨是木装饰的头道工序。打磨是否平整光滑，直接关系到后面干活人员能否顺利进行。砂磨在木装饰涂饰过程中有极其重要的作用，在砂磨前必须了解木装饰的材质是硬木还是软木，用何品种的涂料，是清色还是混色。硬木要求顺木纹方向来回推磨，不得横向推磨。需将木毛等磨去，达到光滑平整木纹纹理清晰，同时轻轻将楞角磨倒，不能将线脚花饰磨伤或变形。

3. 漂白

对于浅色，本色的中、高级清漆装饰，应采用漂白的方法将木材的色斑和不均匀的色素消除。漂白处理一般是在局部色泽深的木材表面上进行，也可在制品整个表面进行。

(1) 一般漂白：用过氧化氢(俗称双氧水)进行漂白，是应用较广，效果较好的一种漂白剂，其浓度为15%～30%。漂白时用油漆刷将漂白剂涂于要褪色的木材面即可脱色。为了加速木材中的色素分解，可在过氧化氢溶液中掺入适量氨水，浓度为25%，其掺量为过氧化氢溶液的5%～10%，但氨水不宜掺得过多，过多会使木材色泽变黄，用这种方法处理的木材表面经过2～3d就会显得白净，而且无需将漂白剂洗掉。

(2) 草酸法漂白：使用草酸漂白，要预先配好以下三种溶液（重量配合比）。

溶液一：结晶草酸∶水＝7∶100

溶液二：结晶硫代硫酸钠（俗称大苏打、海波）∶水＝7∶100

溶液三：结晶硼砂∶水＝2.5∶100

配制上述三种溶液时，均用蒸馏水加热至70℃左右，在不断搅拌下，将事先称好的药品放入蒸馏水中，继续搅拌直至完全溶解，待溶液冷却后使用。随漂白后用清水洗涤和擦拭干净。

（二）金属面基层处理

钢材等各种金属材料容易受到外界有害介质的侵蚀，同时又要受大气中氧气、风、雨、雪、雾、霜、露等侵蚀，这种侵蚀的过程叫“锈蚀”。氧化的产物叫“氧化皮”。在强腐蚀性化学介质中所引起的侵蚀破坏叫做“腐蚀”。

金属特别是钢铁制品在涂饰前必须将表面的油脂、锈蚀、氧化皮、焊渣、型砂等异物清除干净，否则会阻碍涂层与金属基体的附着力，同时还会造成涂层不平、起泡、龟裂、剥落。特别是锈蚀，如不清除干净，它将在涂层下蔓延，不仅完全起不到保护金属的作用，而且失去装饰的意义。因此，必须认真除锈。

1. 手工处理

用铲刀、刮刀、斩锤、钢丝刷、铁砂布靠手工斩、铲、刷、磨，除去锈蚀和尘土粘附杂质。一般浮锈是先用钢丝刷刷净后，再用铁砂布打磨光亮；如果锈蚀严重就要先用铲刀、刮刀除去锈斑，再用铁砂布打磨，如有电焊渣要用斩锤斩去，如有油迹可用汽油或松香水洗净。注意除锈以后应立即施涂一遍防锈漆，因为除锈后的钢材面则更容易再次生锈。

2. 机械处理

就是用压缩空气将石英砂或粗黄砂喷出，高速冲击铁件表面来达到除锈的目的。

3. 化学处理

就是将酸溶液与金属发生化学反应，使氧化物从金属表面脱落，从而达到除锈的目的。化学除锈特别适用造形复杂的小物件。化学除锈一般采用酸洗。

（三）其他物面基层处理

除木质面基层、金属面基层外，施工中常见的基层还有：水泥砂浆及混凝土基层（包括：水泥砂浆、水泥白灰砂浆、现浇混凝土、预制混凝土板材及块材）、加气混凝土及轻混凝土类基层（包括：这类材料制成的板材及块材）、水泥类制品基层（包括：水泥石棉板、水泥木丝板、水泥刨花板、水泥纸浆板、硅酸钙板）、石膏类制品及灰浆基层（包括：纸面石膏板等石膏板材、石膏灰浆板材）、石灰类抹灰基层（包括：白灰砂浆及纸筋灰等石灰抹灰层、白云石灰浆抹灰层、灰泥抹灰层）。这些基层的成分不同，要根据基层的不同情况，采取不同的处理方法。

1. 清理、除污

清理、除污　对于灰尘，可用扫帚、排笔清扫。对于粘附于墙面的砂浆、杂物以及凸起明显的尖棱、鼓包，要用铲刀、錾子铲除剔凿或用手砂轮打磨。对于油污、脱模剂，要先用5％～10％浓度的火碱水清洗，然后用清水洗净。对于析盐、泛碱的基层，可先用3％的草酸溶液清洗，然后再用清水清洗。基层的酥松、起皮部分也必须去掉，并进行修补。外露的钢筋、铁件应磨平、除锈，然后做防锈处理。

2. 修补、找平

修补、找平　在已经清理干净的基层上，对于基层的缺陷、板缝以及不平整、不垂直处大多采用刮批腻子的方法，对于表面强度较低的基层(如圆孔石膏板)还应涂增强底漆。

(1) 混凝土基层：如是反打外墙板，由于表面平整度好，一般用水泥腻子填平修补好表面缺陷后便可直接涂饰。内墙做一般的浆活或涂刷涂料。为增加腻子与基层的附着力，要先用4％的聚乙烯醇溶液或30％的108胶液，或20％的乳液水喷刷于基层，晾干后刮批大白腻子、石膏腻子或821腻子。

(2) 抹灰基层：由于涂料对基层含水率的要求较严格，一般抹灰基层，均要经过一段时间的干燥，一般采用自然干燥法。对于裂纹，要用铲刀开缝成V形，然后用腻子嵌补。

(3) 各种板材基层：有纸石膏板、无纸石膏板、菱镁板、水泥刨花板、稻草板等轻质内隔墙，其表面质量和平整度一般都不错，对于这类墙面，除采取汁胶刮腻子的方法处理基层外，特别要处里好板间拼接的缝隙，以及防潮、防水的问题。

板缝处理：以有纸石膏板及无纸圆孔石膏板板缝处理为例，有明缝和无缝两种做法。明缝做法如图3-1所示。无缝做法如图3-2所示。

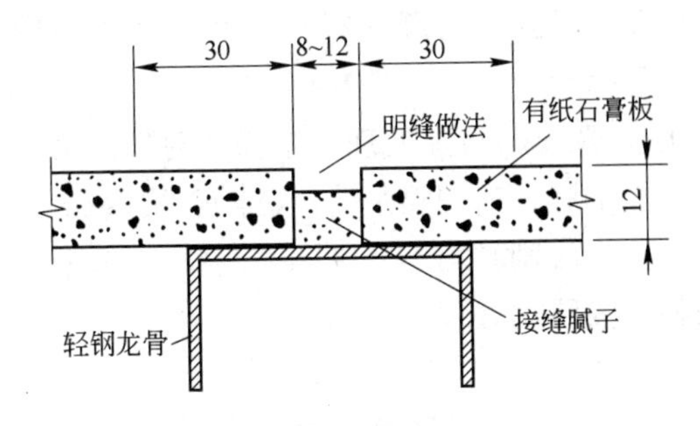

图 3-1　明缝做法图

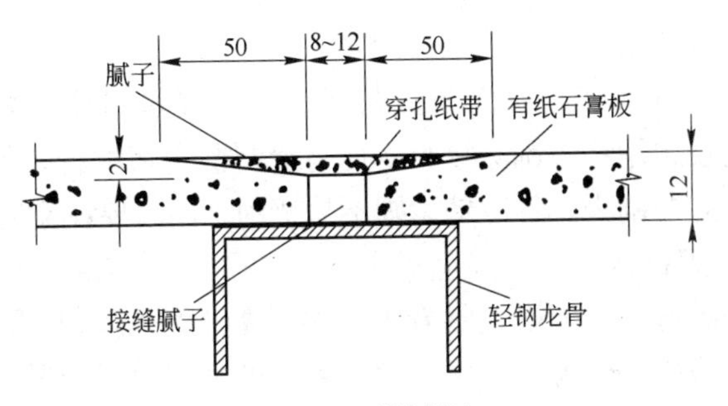

图 3-2　无缝做法

(4) 中和处理：对于碱性大的基层，在涂油漆前，必须做中和处理。方法如下：

1) 新的混凝土和水泥砂浆表面，用5%的硫酸锌溶液清洗碱质，1d后再用水清洗，待干燥后，方可涂漆。

2) 如急需涂漆时，可采用15%～20%浓度的硫酸锌或氯化锌溶液，涂刷基层表面数次，待干燥后除去析出的粉末和浮粒，再行涂漆。如采用乳胶漆进行装饰时，则水泥砂浆抹完后一个星期左右，即可涂漆。

3) 防潮处理：一般采用涂刷防潮涂层的办法，但需注意以不影响饰面涂层的粘附和装饰质量为准。一般居室的大面墙多不做防潮处理，防潮处理主要用于厨房、厕所、浴室的墙面及地下室等。

4）纸面石膏板的防潮处理，主要是对护纸面进行处理。通常是在墙面刮腻子前用喷浆器(或排笔)喷(或刷)一道防潮涂料。防潮涂料涂刷时均不允许漏喷漏刷，并注意石膏板顶端也需做相应的防潮处理。

（四）旧涂膜处理

1. 火喷法

一般适用于金属面和抹灰面。用喷灯将旧涂膜烧化烤焦，边喷边用铲刀刮除涂膜。烧与铲刮要密切配合，待涂膜烧焦后立即刮去，等冷却后则不易铲刮。同时要注意防火。

2. 刀铲法

一般适用于疏松，附着力已很差的旧涂膜。先用铲刀、刮刀刮涂膜，待大部分涂膜除去后，可用钢丝板刷刷，然后再用铁砂布打磨干净。

3. 碱洗法

一般适用于木材面。用火碱加水配成火碱液，其浓度以能咬起旧涂膜为准，为了达到碱液滞流效果，可往碱液中加入适量生石灰，将其涂刷在旧涂膜上，反复几次，直至涂膜松软，用清水冲洗干净为止。如要加快脱漆速度可将火碱液加温。脱漆后要注意必须将碱液用清水冲洗干净，否则将影响重新涂饰的质量。

4. 脱漆剂法

使用脱漆剂时，开桶后要充分搅拌，用油漆刷将脱漆剂刷在旧涂膜上。多刷几遍，待 10min 后，看旧涂膜有否膨胀软化，再用铲刀将其刮去，然后，用酒精或汽油擦洗，将残存的脱漆剂(主要是石蜡成分)洗干净，否则会影响新涂膜的干燥，光泽以及附着力。另外，因强溶剂挥发快，毒性大，操作中要做好防毒和防火工作。

四、涂饰施工基本技法

（一）调　　配

1. 调配要求

（1）掌握不同性能的各种涂料之间的关系，能正确地选用稀释剂、腻子及其他掺加材料。

（2）掌握各种颜色的组合，正确区分主色与次色、副色及配料时各色掺加的次序。

（3）配料时要掌握“有余而不多”、“先浅而后深”、“少加而次多”等要点。

（4）根据各层涂料之间的关系，调整涂料的稠稀程度。

（5）掌握调配各层油漆之间的颜色区别，并了解其作用。如面漆之前各道油漆颜色配得浅些，涂刷时两道油漆之间就有明显区别，以防止产生漏刷、不匀等弊病。

（6）除掌握前面介绍的常用涂料的配制比例、方法外，还需通过操作实践逐步达到熟练程度，才算真正掌握了调配的操作技术。

2. 调配施工

（1）调油性油漆：油性油漆一般是颜料粗，重度大，油分少，容易沉淀为稠厚状，使用时仍需加入清油。加入清油多，光亮度好，遮盖力差，干燥慢；加入清油少，韧性差，光亮度低，粉化快。施工时应根据需要调配。

(2) 调酚醛底漆、醇酸底漆：调时都有各自适用的稀料，要现用现兑。在夏天，底漆兑稀料太多时，重的颜料质粒沉底，油分树脂上浮、氧化呈现黄色胶层，既降低质量又造成浪费。

(3) 色漆黏稠应加同品种清漆调匀，色漆中如颜料过多，黏稠不便使用时，应加入相同品种的清漆调匀，尽量少加稀料，以免影响漆膜性能。

(4) 加防潮剂防泛白，当条件限制要在潮湿气候下涂刷硝基漆或过氯乙烯漆时，应加入20％硝基漆防潮剂或过氯乙烯防潮剂。

(5) 色漆调清漆增光，在调合漆面层上涂刷清漆增光时，凡是透明度不好的清漆，都不能调得很厚，以免影响色漆的色泽。凡是含有浮色的油漆，为避免清漆罩光时会加重浮色，可把清漆与色漆混合起来喷末遍，并且不能太稀，以减轻或消除浮色。颜色也比罩清漆更耐久。

(6) 调涂刷墙油漆，采用油基漆刷墙时，可往油漆中加入20％左右的颜料，拌合后搅匀、过滤。这样调配的油基漆，涂膜平坦、光亮足、色匀、遮盖力强，用于纤维板、胶合板时优点明显。

(7) 调整油度，短油度的醇酸底漆(138底漆)和醇酸磁漆(C04—42)合并使用，可取长补短，既避免了138底漆脆、附着性不好，又避免了C04—42面漆冬季干燥慢，夏天易起皱的现象。

(二) 嵌　　批

腻子批刮得好，即使是比较粗陋的底层也能涂饰成漂亮的成品；如果腻子批刮不好，就是没有什么缺陷的底层，涂饰后的漆层效果也不会理想。

1. 一般要求

批刮腻子时，手持铲刀与物面倾斜成50°～60°角，用力填刮。木材面、抹灰面必须是在经过清理并达到干燥要求后进行；金属面必须经过底层除锈，涂上防锈底漆，并在底漆干燥后进行。

为了使腻子达到一定的性能，批刮腻子必须分几次进行。每批刮完一次算一遍，如头遍腻子、二遍腻子等。要求高的精品要达到四遍以上。每批刮一遍，腻子都有它的重点要求。

批刮腻子的要领是：实、平、光。第一遍腻子要调得稠厚些，把木材表面的缺陷如虫眼、节疤、裂缝、刨痕等明显处嵌批一下，要求四边粘实。这遍要领是“实”。

第二遍腻子重点要求填平，在第一遍腻子干燥后，再批刮第二遍腻子。这遍腻子要调得稍稀一些，把第一遍腻子因干燥收缩而仍然不平的凹陷和整个物面上的棕眼满批一遍，要求平整。

第三遍腻子要求光，为打磨创造条件。每遍腻子的操作次序，要先上后下，先左后右，先平面后棱角。刮涂后，要及时将不应刮涂的地方擦净、抠净，以免干结后不好清理。

2. 操作技法

（1）橡胶刮板　拇指在前，其余四指托于其后使用。多用于涂刮圆柱、圆角、收边、刮水性腻子和不平物件的头遍腻子。

（2）木刮板　顺用的，虎口朝前大把握着使用。因为它刃平而光，又能带住腻子，所以用它刮平面是最合适的，既能刮薄又能刮厚。横刃的大刮板，用两手拿着使用，先用铲刀将腻子挑到物件上，然后进行刮涂。特点是适于刮平面和顺着刮圆棱。

(3) 硬质塑料刮板　因为弹性较差，腰薄，不能刮涂稠腻子，带腻子的效果也不太好，所以只用于刮涂过氯乙烯腻子(其腻子稠度低)。

(4) 钢刮板　板厚体重，板薄腰软，刮涂密封性好，适合刮光。

(5) 牛角刮板　具有与椴木刮板相同的效能，其刃韧而不倒，只适合找腻子使用。做腻子讲究盘净、板净，刮得实，干净利落边角齐，平整光滑易打磨，无孔无泡再涂刷。

3. 两三下成活涂法

两三下成活涂法是做腻子的基础。这种刮涂法首先是抹腻子，把物面抹平，然后再刮去多余的腻子，刮光。

(1) 挖腻子　从桶内把腻子挖出来放在托盘上，将水除净，以稀料调整稠度合适后，用湿布盖严，以防干结和混入异物。当把物件全部清理好后，用刮板在托盘的一头挖一小块腻子使用，挖腻子是平着刮板向下挖，不要向上掘。

(2) 抹腻子　把挖起来的腻子，马上往物件左上角打，即要放的干净利落。这一抹要用力均衡，速度一致，逢高不抬，逢低不沉，两边相顾，涂层均匀。腻子的最厚层以物件平面最高点为准，如图 4-1 所示。

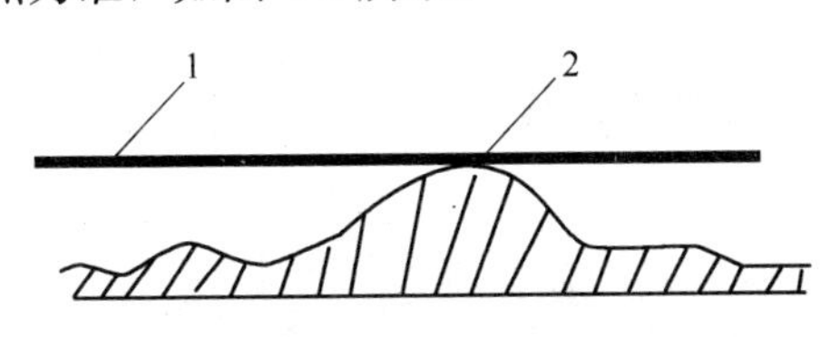

图 4-1　腻子的厚度以物面最高点为准

1—抹腻子平面；2—物面最高点

(3) 刮腻子　为同一板腻子的第二下。先将剩余的腻子打在紧挨这板腻子的右上角，把刮板里外擦净，再接上一次抹板的路线，留出几毫米宽的厚层不刮，用力按着刮下去，保持平衡并压紧腻子。这时，刮板下的腻子越来越多，所以越刮刮板越趋向与物面垂直。当刮板刮到头时，将刮板快速竖直，往怀里带，就能把剩余的腻子带下来。把带下的腻子仍然打在右上角。若这一板还没刮完，那么就得按第二下的方法把刮板弄净，再来第三下。刮过这三下，腻子已干凝，应争取时间刮紧挨这板的另一板，否则两板接不好。又由于手下过涩，所以再刮就易卷皮。

(4) 两三下成活涂法的头一板腻子完成后，紧接着应刮第二板腻子。第二板腻子要求起始早，需要在刮第一板的右边高棱尚未干凝以前刮好，使两板相接平整。刮涂第二板时，可按第一板的刮法刮下去，若剩余的腻子不够一板使用，应补充后再刮。两板相接处要涂层一致，保持平整。

分段刮涂的两个面相接时，要等前一个面能托住刮板时再刮，否则易出现卷皮。

防止卷皮或发涩的办法为：在同样腻子条件下，只有加快速度刮完，或者再次增添腻子以保证润滑。后增添腻子，涂层增厚，需费工时打磨。

除熟练地掌握嵌、批各道腻子的技巧和方法外，还应掌握腻子中各种材料的性能与涂刷材料之间的关系。选用适当性质的腻子及嵌批工具。

(三) 打　　磨

无论是基层处理，还是涂饰的工艺过程中，打磨都是必不可少的操作环节。应能根据不同的涂料施工方法，正确地使用不同类型的打磨工具，如木砂纸、铁砂布、水砂纸或小型打磨机具。

1. 打磨方式

在各道腻子面上打磨要掌握：“磨去残存，表面平整”、“轻磨慢打，线角分明”，并能正确地选择打磨工具的型号。

（1）打磨工艺应注意以下几点：

1）涂膜未干透不能磨，否则砂粒会钻到涂膜里。

2）涂膜坚硬而不平或涂膜软硬相差大时，可利用锋利磨具打磨。如果使用不锋利的磨具打磨，会越磨越不平。

3）怕水的腻子和触水生锈的工件不能水磨。

4）打磨完应除净灰尘，以便于下道工序施工。

5）一定要拿紧磨具保护手，以防把手磨伤。

（2）打磨方式分以下几种：用手拿砂纸或砂布打磨称为手磨；用木板垫在砂纸或砂布上进行打磨或以平板风磨机打磨称为卡板磨；用水砂纸、水砂布蘸着水打磨称为水磨。

2. 打磨技法

打磨技法分磨头遍腻子、磨二遍腻子、磨末遍腻子、磨二道浆、磨漆腻子、磨漆皮。

（1）磨头遍腻子

头遍腻子要把物件做平，在腻子刮涂得干净无渣、无突高腻棱时，不需打磨，否则应进行粗磨。粗磨头遍腻子要达到去高就低的目的，一般用破砂轮、粗砂布打磨。

（2）磨二遍腻子

磨二遍腻子即磨头遍与末遍中间的几道腻子。磨二遍腻子可以干磨或水磨，但应用卡板打磨，并要求全部打磨一遍。打磨顺序为：先磨平面，后磨棱角。干磨是先磨上后磨下；水磨是先磨下后磨上。圆棱及其两侧直线是打磨重点。这些地方磨整齐了，全物件就整洁美观。面、棱磨完后，换为手磨，找尚未磨到之处和圆角。

（3）磨末遍腻子

如果末遍腻子刮得好，只需要磨光，刮得不好，要先用卡板磨平后，再手磨磨光。在这遍打磨中，磨平要采用1.5号砂布或150粒度水砂纸；细磨要使用1～60号砂布或220～360粒度水砂纸，磨的顺序与二遍腻子打磨相同。全部打磨完后，再复查一遍，并用手磨方法把清棱清角轻轻地倒一下，最后全部收拾干净。

（4）磨二道浆

磨二道浆完全采用水磨。浆喷得粗糙，可先用180粒度水砂纸卡板磨，再用磨浆喷得细腻的220～360粒度水砂纸打磨。磨二道浆不许磨漏，即不许磨出底色来。水磨时，水砂纸或水砂布要在温度为10～25℃的水中使用，以免发脆。

（5）磨漆腻子

磨漆腻子可以用60号砂布蘸汽油打磨，最后用360粒度水砂纸水磨。全部磨完后，把灰擦净。

（6）磨漆皮

喷漆以后出现的皱皮或大颗粒都需要打磨。因漆皮很硬不易磨，较严重者可先用溶剂溶化，使其颗粒缩小后再用水砂纸蘸汽油打磨。多蘸汽油，着力轻些就不会出现黏砂纸的现象。采用干磨时，手更要轻一些。

（四）擦　　揩

擦揩包括清洁物件、修饰颜色、增亮涂层等多重作用。

以下分别叙述。

1. 擦涂颜色

掌握木材面显木纹清水油漆的不同上色的揩擦方法（包括润油粉、润水粉揩擦和擦油色），并能做到快、匀、净、洁四项要求。

快：擦揩动作要快，并要变化揩的方向，先横纤维或呈圆圈状用力反复揩涂。设法使粉浆均匀地填满实木纹管孔。匀：凡需着色的部位不应遗漏，应揩到揩匀，揩纹要细。洁净：擦揩均匀后，还要用干净的棉纱头进行横擦竖揩，直至表面的粉浆擦净，在粉浆全部干透前，将阴角或线角处的积粉，用剔脚刀或剔角筷剔清，使整个物面洁净、水纹清晰、颜色一致。

具体操作方法为：要先将色调成粥状，用毛刷呛色后，均刷一片物件，约 0.5m^2。用已浸湿拧干的软细布猛擦，把所有棕眼腻平，然后再顺着木纹把多余的色擦掉，求得颜色均匀、物面平净。在擦平时，布不要随便翻动，要使布下成为平底。布下成平底的执法如图 4-2 所示。颜色多时，将布翻动，取下颜色。总的速度要在 2～3min 内完成。手下不涩，棕眼擦不平。

图 4-2　布下成平底的执法

2. 擦漆片

擦漆片，主要用作底漆。水性腻子做完以后要想进行涂漆，应先擦上漆片，使腻子增加固结性。

擦漆片一般是用白棉布或白的确良包上一团棉花拧成布球，布球大小根据所擦面积而定，包好后将底部压平，蘸满漆片，在腻子上画圈或画 8 字形，或进行曲线运动，像刷油那样挨排擦均。擦漆片如图 4-3 所示。

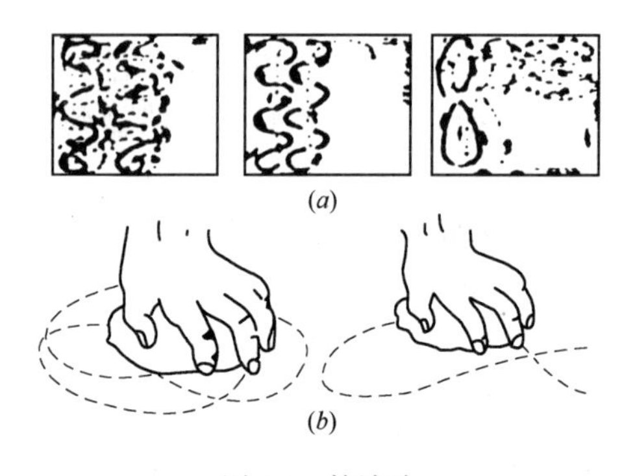

图 4-3　擦漆片

(*a*)擦涂路线；(*b*)擦涂方式

3. 揩腊克

如清漆的底色，没有把工件全填平，涂完后显亮星，有碍美观。若第二遍硝基清漆以擦涂方法进行，可以填平工件。首先要根据麻眼大小调好漆，麻眼大，漆应稠；麻眼小，可调稀。擦平后，再以溶剂擦光但不打蜡。

涂硝基漆后，涂膜达不到洁净、光亮的质量要求，可以进行抛光。抛光是在涂膜实干后，用纱包涂上砂蜡按次序推擦。直擦到光滑时，再换一块干净细软布把砂蜡擦掉(其实孔内的砂蜡已擦不掉了)。然后擦涂上光蜡。使用软细纱布、脱脂棉、头发等物，快速轻擦。光亮后，间隔半日，再擦还能增加一些光亮度。

抛光擦砂蜡具有很大的摩擦力，涂膜未干透时很容易把涂膜擦卷皮。为确保安全，最好把抛光工序放在喷完漆两天后进行。

使用上光蜡抛光时，常采用机动工具。采用机动工具抛光时，应特别注意抛光轮与涂面洁净，否则涂面将出现显著的划痕。

第一次揩涂所用的硝基清漆黏度稍高（硝基清漆与香蕉水的比例为 1∶1）。具体揩涂时，棉球蘸适量的硝基清漆，先在表面上顺木纹擦涂几遍。接着在同一表面上采用圈涂法，即棉球以圆圈状的移动在表面上擦揩。圈涂要有一定规律，棉球在表面上一边转圈，一边顺木纹方向以均匀的速度移动。从表面的一头揩到另一头。在揩一遍中间，转圈大小要一致，整个表面连续从头揩到尾。在整个表面按同样大小的圆圈揩过几遍后，圆圈直径可增大，可由小圈、中圈到大圈。棉球运动轨迹如图 4-4 所示。

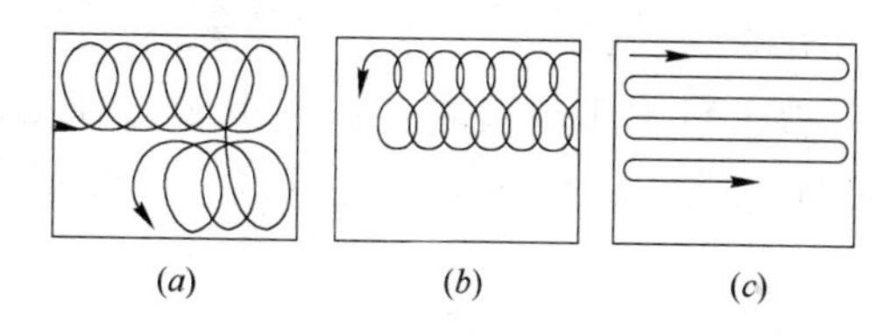

图 4-4　棉球运动轨迹

(*a*)圈涂；(*b*)8 字形涂；(*c*)直涂

可能留下曲线形涂痕。这时，一般还要采用横揩、斜揩数遍后，再顺木纹直揩的方法，以求揩出的漆膜平整，并消除曲线形涂痕，这时可结束第一次（也称第一操）揩涂。

揩涂法之所以能够获得具有很高装饰质量的漆膜，是因为揩涂的涂饰过程符合硝基清漆形成优质漆膜的规律。揩涂法的每一遍都形成了一个较为平整均匀而又极薄的涂层，干燥时收缩很小。揩涂的压力比刷涂大，能把油漆压入管孔中，因而漆膜厚实丰满。如前述，挥发型漆的漆膜是可逆的，能被原溶剂溶解。这样每揩涂一遍，对前一个涂层起到两个作用：一是增加涂层厚度，再就是对前一个涂层起到一定程度的溶平修饰作用。硝基漆中的溶剂能把前一个涂层上的皱纹、颗粒、气泡等凸出部分溶去，而漆中的成膜物质又能把前一个涂层的凹陷部分填补起来，这样又形成一个新的较为平整均匀的涂层。多次逐层积累，最终的表面漆膜则平滑而均匀。再经过进一步的砂磨抛光，即获得具有装饰质量良好并能经久耐用的漆膜。

（五）常用涂饰工艺技法

1. 刷涂

刷涂是用排笔、毛刷等工具在物体饰面上涂饰涂料的一种操作，是涂料施工最古老、最基本的一种施工方法。其特点为：工具简单、轻巧，易于掌握，施工方便，适应性广。

刷涂质量的好坏，主要取决于操作者的实际经验和操作熟练程度。操作者不但要掌握各种刷涂工具的正确使用和维护保管方法(详见常用工具有关部分)，而且还要掌握各种刷具的使用技巧，并根据各层涂料的不同要求，正确使用不同型号和不同新旧程度的刷具。

刷涂时，首先要调整好涂料的黏度。用鬃刷刷涂的涂料，黏度一般以 40～100s 为宜(25℃，涂－4 黏度计)，而排笔刷涂的涂料以 20～40s 为宜。使用新漆刷时要稀点；毛刷用短后，可稍稠点。相邻两遍刷涂的间隔时间，必须能保证上一道涂层干燥成膜。刷涂的厚薄要适当、均匀。

用鬃刷刷涂油漆时，刷涂的顺序是先左后右，先上后下，先难后易，先线角后平面，围绕物件从左向右，一面一面地按顺序刷涂，避免遗漏。对于窗户，一般是先外后里，对向里开启的窗户，则先里后外；对于门，一般是先里后外，而对向外开启的门则要先外后里；对于大面积的刷涂操作，常按开油一横油斜油一理油的方法刷涂。油刷蘸油后上下直刷，每条间距5～6cm叫开油，开油时，可多蘸几次漆，但每次不宜蘸得太多。开油后，油刷不再蘸油，将直条的油漆向横的方向和斜的方向刷匀叫横油斜油。最后，将鬃刷上的漆在桶边擦干净后，在涂饰面上顺木纹方向直刷均匀称为理油。全部刷完后，应再检查一遍，看是否已全部刷匀刷到，再把刷子擦干净，从头到尾再顺木纹方向刷均匀，消除刷痕，使其无流坠、橘皮或皱纹，并注意边角处不要积油。

用排笔涂油漆时，要始终顺木纹方向涂刷，蘸漆量要合适，不可过多，下笔要稳准，起笔落笔要轻快，运笔中途可稍重些。刷平面要从左到右，刷立面要从上到下，刷一笔是一笔，两笔之间不可重叠过多。蘸漆量要均匀，不可一笔多、一笔少，以免显出刷痕并造成颜色不匀。刷涂时，用力要均匀，不可轻一笔，重一笔，随时注意不可刷花、流挂，边角处不得积漆。刷涂挥发快的虫胶漆时，不要反复过多地回刷，以免咬底刷花；一笔到底，中途不可停顿。

刷涂时还应注意：在垂直的表面上刷漆，最后理油应由上向下进行；在水平表面上刷漆，最后理油应按光线照射方向进行；在木器表面刷漆，最后理油应顺着木材的纹路进行。

刷涂水性浆活和涂料时，较刷油简单。但因面积较大，为取得整个墙面均匀一致的效果，刷涂时，整个墙面的刷涂运笔方向和行程长短均应一致，接茬最好在分格缝处。

2. 滚涂

滚涂是用毛辊进行涂料的涂饰。其优点为：工具灵活轻便，操作容易，毛辊着浆量大，较刷涂的工效高，且涂布均匀，对环境无污染，不显刷痕和接槎，装饰质量好。缺点是边角不易滚到，需用刷子补涂，滚涂油漆饰面时，可以通过与刷涂结合或多次滚涂，做成几种套色的、带有多种花纹图案的饰面样式。与喷涂工艺相比，滚涂的花纹图案易于控制，饰面式样匀称美观。还可滚涂各种细粉状涂料、色浆或云母片状厚涂料等。可通过采用花样辊可压出浮雕状饰面、拉毛饰面等。做平光饰面时，可用刷辊，要求涂料黏度低，流平性好。对于作厚质饰面时，可用布料辊，既可用于高黏度涂料厚涂层的上料，又可保持滚涂出来的原样式。再用各种花样辊如拉毛辊、压花辊，作出拉毛或凹凸饰面。

但是滚涂施工是一项难度较高的工艺，要求有比较熟练的技术。

滚涂施工的基本操作方法如下：

(1) 先将涂料倒入清洁的容器中，充分搅拌均匀。

(2) 根据工艺要求适当选用各种类型的辊子如压花辊、拉毛辊、压平辊等，用辊子沾少量涂料或沾满涂料在铁丝网上来回滚动，使辊子上的涂料均匀分布，然后在涂饰面上进行滚压。

(3) 开始时要少蘸涂料，滚动稍慢，避免涂料被用力挤出飞溅。滚压方向要一致，避免蛇行和滑动。滚涂路线如图4-5所示。先使毛辊按倒W形运行，把涂料大致涂在墙面上。然后，做上下左右平稳的纯滚动，将涂料分布均匀。

(4) 滚压至接茬部位或达到一定的段落时，可用不沾涂料的空辊子滚压一遍，以保持涂饰面的均匀和完整，并避免

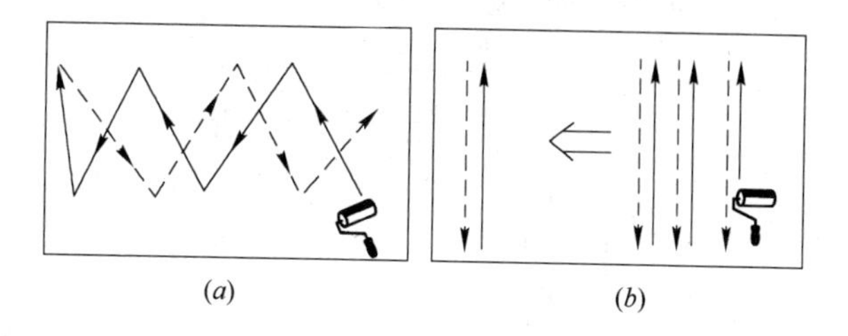
(a)
(b)

图 4-5　滚涂路线

(a)滚筒毛刷的运行；(b)滚筒毛刷的运行

接槎部位显露明显的痕迹。

(5) 阴角及上下口等细微狭窄部分，可用排笔、弯把毛刷等进行刷涂，然后，再用毛辊进行大面积滚涂。

(6) 滚压一般要求两遍成活，饰面式样要求花纹图案完整清晰，均匀一致，涂层厚薄均匀，颜色协调。两遍滚压的时间间隔与刷涂相同。

3. 喷涂

喷涂是用压力或压缩空气将涂料涂布于物面的机械化操作方法。其优点为：涂膜外观质量好，工效高，适用于大面积施工，对于被涂物面的凹凸、曲折、倾斜、孔缝等都能喷涂均匀，并可通过涂料黏度、喷嘴大小及排气量的调节获得不同质感的装饰效果。缺点是涂料的利用率低，损耗稀释剂多，喷涂过程中成膜物质约有 20%飞散在施工环境中。同时，喷涂技法要求较高，尤其是使用硝基漆、过氯乙烯漆、氨基漆和双组分聚酯油漆，对喷涂技法的要求更高。

气动的涂料喷枪(图 4-6)，可由较大的涂料生产厂配套供应。大规模的涂饰工程或有条件的工地可采用液压的高压无气喷涂机，涂料的雾化更为均匀。对于小型的修缮工程或家庭使用则可采用手动喷浆机作为动力。

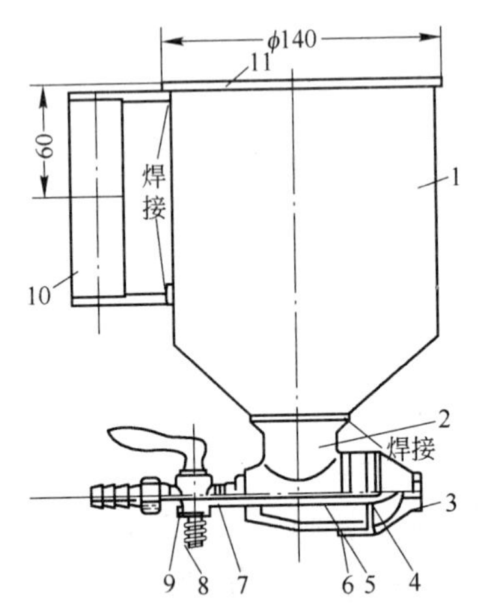

图 4-6 内混式气动涂料喷枪构造示意图

1—料斗；2—涂料通路；3—涂料喷嘴；4—空气喷嘴；5—空气通道；6—涂料喷嘴调节螺母；7—定位旋钮；8—弹簧；9—气阀开关；10—手柄；11—盖板

以下介绍使用气动涂料喷枪的喷涂工艺。

(1) 喷枪检查

1) 将皮管与空气压缩机接通，检查气道部分是否通畅。

2) 各连接件是否紧固，并用扳手拧紧。

3) 涂料出口与气道是否为同心圆，如不同心，应转动调节螺母调整涂料出口或转动定位旋钮调整气道位置。

4) 按照涂料品种和黏度选用适合的喷嘴。薄质涂料选用孔径为 2～3mm 的喷嘴，骨料粒径较小的粒状涂料及厚质、复层涂料选用 4～6mm 左右的喷嘴，较大的粒状涂料、软质涂料和稠度较大的馀料选用 6～8mm 的喷嘴。

(2) 选用合适的喷涂参数

1）空气压缩机的工作压力在0.4～0.8MPa（约4～8kgf/cm²）之间为好（图4-7）。

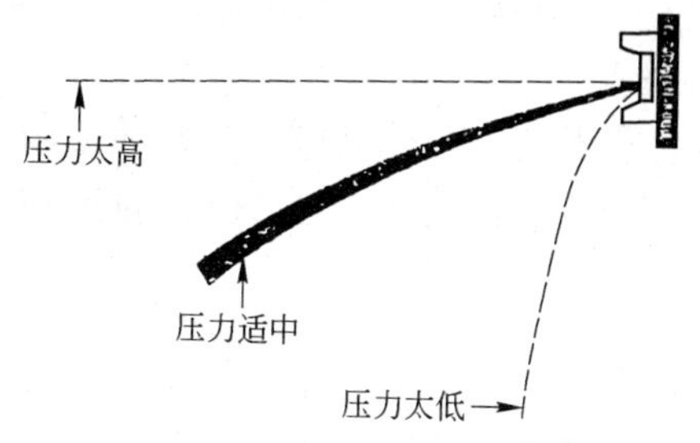

图4-7　选择压力示意图

2）喷嘴和喷涂面间距离一般为40～60cm（喷漆则为20～30cm）。喷嘴距喷涂面过近，涂层厚薄难以控制，易出现涂层过厚或流挂现象。距离过远，涂料损耗多，如图4-8所示。

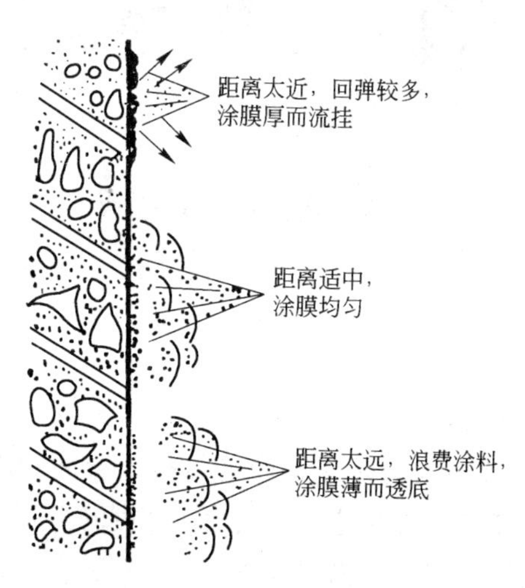

图4-8　调整距离示意图

3）在料斗中加入涂料，应与喷涂作业协调，采用连续加料的方式，应在料斗中涂料未用完之前即加入，使涂料喷涂均匀。同时还应根据料斗中涂料加入的情况，调整气阀开关。

（3）喷涂作业

1）手握喷枪要稳，涂料出口应与被喷涂面垂直，不得向任何方向倾斜。图 4-9 中，上图位置为正确，下图为不正确。

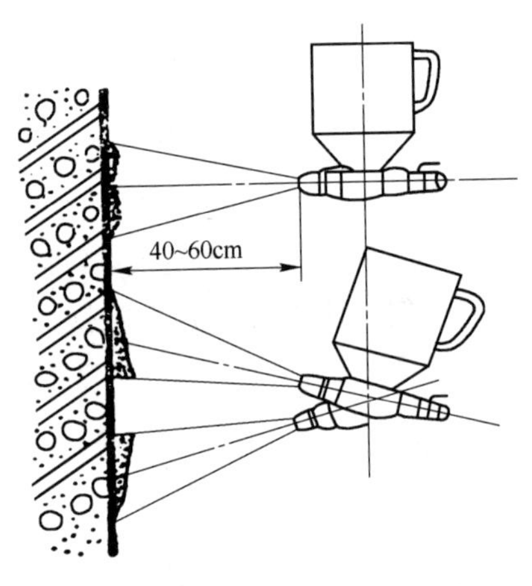

图 4-9　涂料出口位置示意图

2）喷枪移动长度不宜太大，一般以 70～80cm 为宜，喷涂行走路线应成直线，横向或竖向往返喷涂，往返路线应按 90°圆弧形状拐弯，如图 4-10(a)所示，而不要按很小的角度拐弯，如图 4-10(b)所示。

3）喷涂面的搭接宽度，即第一行喷涂面和第二行喷涂面的重叠宽度，一般应控制在喷涂面宽度的 1/3～1/2，以便使涂层厚度比较均匀，色调基本一致。这就是所谓的“压枪喷”，如图 4-11 所示。

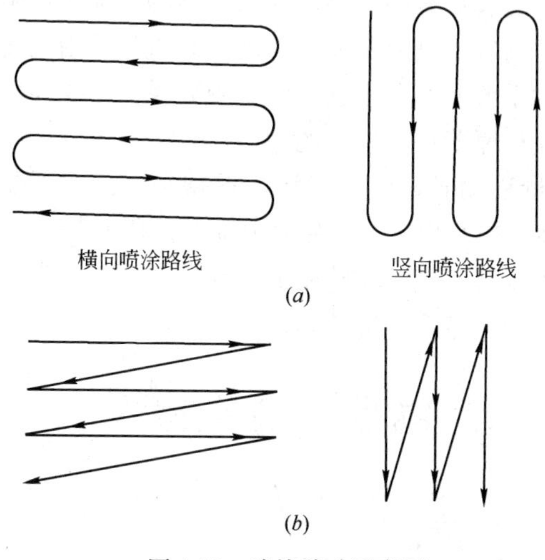

图 4-10　喷枪移动示意图

(*a*)正确的喷涂路线；(*b*)不正确的喷涂路线

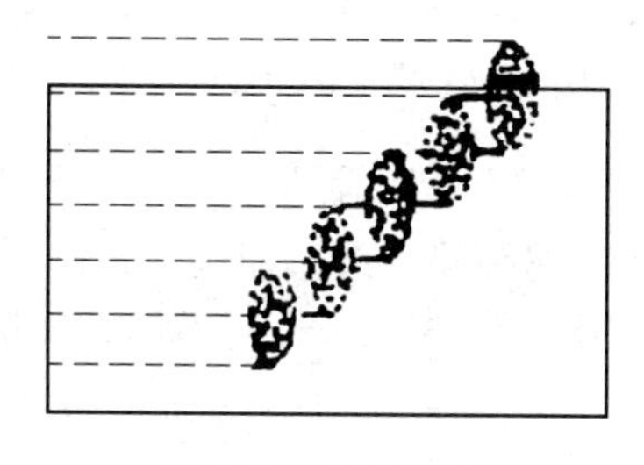
图 4-11　压枪喷法

要做到以上几点，关键是练就喷涂技法。喷涂技法讲究手、眼、身、步法，缺一不可，枪柄夹在虎口，以无名指轻轻拢住，肩要下沉。若是大把紧握喷枪，肩又不下沉，操作几小时后，手腕、肩膀就会乏力。喷涂时，喷枪走到哪里，眼睛看到哪里，既要找准枪去的位置，又要注意喷过之处涂膜的形成情况和喷雾的落点，要以身躯的移动协助臂膀的移动，来保证适宜的喷射距离及与物面垂直的喷射角度。喷涂时，应移动手臂而不是手腕，但手腕要灵活，才能协助手臂动作，以获得厚薄均匀适当的涂层。

4）喷枪移动时，应与喷涂面保持平行，而不要将喷枪作弧形移动(图 4-12 右)，否则中部的涂膜较厚，周边的涂膜就会逐渐变薄。同时，喷枪的移动速度要始终保持均匀一致，这样涂膜的厚度才能均匀。

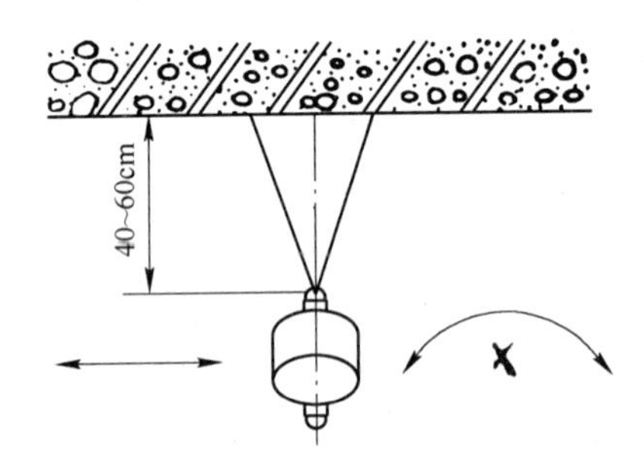

图 4-12　喷枪移动要保持平行

5）喷涂时应先喷门窗口附近。涂层一般要求两遍成活。墙面喷涂一般是头遍横喷，第二遍竖喷，两遍之间的间隔时间，随涂料品种及喷涂厚度而有所不同，一般 2h 左右。喷涂施工最好连续作业，一气呵成，完成一个作业面或到分格线再停歇。在整个喷涂作业中，要求作到涂层平整均匀，色调一致，无漏喷、虚喷及涂层过厚，形成流坠等现象。如发现上述情况，应及时用排笔涂刷均匀，或干燥后用砂纸打去涂层较厚的部分，再用排笔涂刷处理。

6）喷涂施工时应注意对其他非涂饰部位的保护与遮挡，施工完毕后，再拆除遮挡物。

五、涂饰施工工艺

（一）普通油性涂料施工工艺

1. 木质面色、清漆施涂工艺

木材面主要有门窗、家具、木装修（如木墙裙、隔断、顶棚等）。根据装饰标准，可分为普通油漆、中级油漆和高级油漆三种，根据漆膜性质可分成混色油漆和清色油漆。硬材如椴木、黄菠萝、乌木、樟木、红木、水曲柳、桃花心木，由于有美丽清晰的花纹，为不掩其美，多采用清色油漆，一般采用漆片、腊克面等，最后面层打蜡出光，为中高级油漆。现将通常采用的几种木材面油漆方法，按操作程序分述如下：

（1）刷溶剂性混色涂料

如调合漆、磁漆、无光漆等。一般门窗多刷调合漆，标准高些的刷磁漆。磁漆种类很多，其共同特点是干燥较快，涂膜光亮，色泽鲜艳。无光漆常用于高级装饰工程的室内，不能用于室外，多用于医院、学校、戏院、办公室、卧室等处的涂施，使室内光线柔和、不刺眼。

1）主要工序　木材面施涂溶剂型混色涂料，油漆按质量要求分为普通、中级和高级三级，其主要工序：基层处理→磨砂纸→节疤处点漆片→干性油或带色干性油打底→局部刮腻子、磨光→腻子处涂干性油（普通涂料）→第一遍满批腻子（中级以上）→磨光（中级以上）→第二遍满批腻子（高级）→磨光（高级）→刷涂底涂料（中级以上）→第一遍涂料→复补腻子→磨光→湿布擦净（中级以上）→第二遍涂料（中级以上）→磨光（中级以上）→湿布擦净（中级以上）→第三遍涂料（中级以上）。

2）操作工艺要点

A. 基层处理：对门窗的棱角线要磨去锐角，打扫干净，以利刷油。

B. 打底油：又称抄清油。清油一般配合比为熟桐油∶松香水＝1∶2.5 较好，这种清油较稀，能渗入木材内部，起到防止木材受潮变形及防腐蚀的作用，并可使后道嵌批的腻子和刷的铅油能与基底粘结牢固。

C. 嵌批腻子两遍及打磨：清油干后即可进行腻子的嵌批。所有的洞眼、裂缝、榫头处以及门心板边上的缝隙都要嵌批整齐。门窗嵌批腻子时，上下冒头一定要嵌批好，因为此处最容易受雨水侵蚀。然后对门和顶棚、墙面等满批腻子两遍，满批腻子时要顺木纹直批，不可批成圆弧状，收刮腻子要干净，不可有多余的腻子残留在物面上。每遍腻子干后要用 100 目的木砂纸打磨，要求表面平整清洁以利涂刷。打磨平面时，砂纸要紧压在磨面上，而不要让砂纸在手中来回滑动，磨破皮肤。线角处用砂纸角打磨，或将砂纸折起用砂纸边部打磨，不能用全张砂纸打磨。打磨后将物面清扫干净。

D. 刷铅油及打磨：又叫抄铅油。可用刷过清油的油刷操作。要顺木纹刷，而不能横刷乱涂。在大面积的木材面刷铅油，可采用“开油—横油—斜油—理油”的操作方法。

铅油干后(需 24h)，用 100 目砂纸或旧砂纸轻轻打磨至表面光洁，要注意不能磨得太狠，以免露出木质，磨后清扫干净。

E. 复补腻子及打磨：如还存在部分细小缺陷须补嵌腻子时，可用加色腻子补嵌并补刷铅油。干后用旧砂纸轻轻打磨，然后清理周围窗台、地坪。

F. 施涂面漆：分三种情况介绍：

一是普通混色涂料：第二遍刷调合漆时，可使用刷过铅油的油刷操作，新油刷反而不好，易留刷痕。及时发现并修整疵病。还要保持环境卫生，防止污物、灰尘玷污油面。

二是中级涂料，无光漆需在调和漆干燥后，用已用过的 100 目木砂纸，再进行一遍打磨工序，打磨净后再涂无光漆一遍。无光漆有快干的特点，施涂后可将原有的光泽刷倒，不显缕光。施涂工具采用 16 管羊毛排笔或刷毛较长的油漆刷。施涂无光漆时，动作要迅速，接头处要用排笔或油刷刷开、刷匀，再轻轻理直。

三是高级混色油漆，如各色聚氨酯磁漆的刷亮与磨退，该涂料是我国近年来发展较快的一种高级涂料，具有涂膜坚硬光亮、附着力强、耐水、防潮、防霉、耐油、耐酸碱等特点。

其操作工艺与其他等级的混色油漆相同，刷底涂料时，需施涂第一遍聚氨脂磁漆及打磨。该涂料为双组分，使用前将两组分按 1∶1 混合，搅拌均匀，按用量配制后一次用完，干后用 100 目木砂纸打磨。

复补聚氨酯腻子及打磨。

再涂第二遍聚氨酯磁漆及打磨。

涂第三遍聚氨酯磁漆。干燥后，要用 280 目水砂纸打磨平整光滑，并揩干净。

施涂第四、五遍聚氨酯磁漆。要求施涂物面及排笔、容器均应洁净，且在第四遍漆未干透时接刷第五遍，以利两层间的粘结及涂膜的丰满平整。至此，聚氨酯磁漆刷亮工艺就算完成了。

如要做磁漆磨退，还要增加以下工序：

磨光：待第四、五遍聚氨酯磁漆干透后，用280～320目水砂纸打磨平整，打磨时要均匀用力，把70%的光磨倒。水磨后，揩净浆水。

施涂第六、七遍聚氨酯磁漆：这是磨退工艺中最后两遍罩面漆，也是要求在第六遍漆未干透情况下，接连涂刷，以便涂膜丰满平整，在磨退中不易磨穿、磨透。

磨退：待罩面漆干后，用400～500目水砂纸蘸肥皂水打磨，要求用力均匀，磨掉表面光泽，达到细腻、平滑，将光泽全部磨倒，擦干揩净。

打蜡、抛光：待磨退后揩抹的水渍晾干，用新软的棉纱头敷砂蜡，顺着木纹方向擦，擦砂蜡时，用力可重一些，擦出亚光，棱角处不要多擦，以免发白。把多余的砂蜡收净，再用抛光机抛光，抛光后再用油蜡擦亮，工序即告完成。

（2）木材表面施涂清漆

1）主要工序　基层处理→磨砂纸→润粉→磨砂纸→第一遍满刮腻子→磨光→第二遍满刮腻子（高级涂料）→磨光（高级涂料）→刷油色→第一遍清漆→拼色→复补腻子→磨光→第二遍清漆→磨光→第三遍清漆→磨水砂纸（高级涂料）→第四遍清漆（高级涂料）→磨光（高级涂料）→第五遍清漆（高级涂料）→磨退（高级涂料）→打砂蜡（高级涂料）→打油蜡（高级涂料）→擦亮（高级涂料）。

2）刷清油、油色、清漆面　操作程序与工艺要求与刷混色涂料基本相同，其操作工艺要点：

A. 清油中加入少量颜料，使清油带色，以利于调整新旧材面的色泽，利于刷油色。

B. 腻子中加色，要与清油颜色一致。

C. 油色中的颜料用量较少，要求涂刷后能使木材色泽一致而不盖住全部木纹，刷油色时每一个刷面要一次刷好，不留接头。

D. 油色干后，忌用新砂纸打磨，要用旧砂纸打磨，防止磨破漆膜。

E. 清色油漆一般不能少于五遍，中级油漆要求油色干后三遍清漆，高级油漆则到六遍清漆，称清漆磨退。要求刷两道清漆的操作，头道清漆要适当加稀，即在清漆中加入20%～30%的松香水。或与所涂的清漆相匹配的稀释料适量。

F. 头道清漆干透后，要用细木砂纸打磨，硝基漆、聚氨酯漆和聚酯漆类适于水磨，水磨漆膜要用肥皂水。打磨时一定要把头道清漆面上的光亮全部打磨掉，第二道清漆刷后方能达到漆面光亮丰满。

G. 在油色面上用清漆罩光施工操作中，应避免使用煤油。

3）刷清油、油色、漆片、清漆面　这种操作程序，与刷清油、油色、清漆面相比，中间只增加一项刷漆片。如材料选用适当，施工正确，成活后光亮美观，经久耐用。这种作法常用于一般建筑物的大门与要求较高的室内外木装修等处。

A. 木材面清理：方法与一般刷混色漆面相同，属于半清水油漆，必须将木材面上的斑点污迹洗净擦干，尽量使木

材本身色泽较为一致，每个棱角都要用砂纸磨成钝角。木材平面要用砂纸包木块打磨平整，刨纹处一定要打磨平整。

B. 刷清油：同刷清油、油色、清漆面。加色浓淡以盖住斑点污迹，使物面色泽一致即可。

C. 嵌批腻子：要采用石膏油腻子，腻子内要加色，并根据木材面的情况决定是否要满批。如木材是红松类，表面比较光洁，则嵌补腻子即可；如是杂木类，缺陷较多，就要满批。

D. 刷油色：刷油色时一定要逐面刷完，拼缝、接头要处理好，不能刷后留下明显的拼接痕迹。

刷油色是较为难刷的一道工序。因为要求配成的油色“料重油轻”，涂刷时油色容易被木材吸收进去，而感到涂刷费力、干涩、不易刷匀，故涂刷时一定要逐段、逐面进行。同时油色干燥快，所以刷油色时动作应敏捷，要求无缕无节、横平竖直。顺着木纹涂刷，顺油时，刷子要轻飘，避免出刷绺。在一个面上进行涂刷时，油色不能沾到未刷的面上，保证刷面均匀一致、色泽清晰。

油色干燥后，可用干净揩布揩擦，并清扫尘土，也可先刷一遍漆片后再用全旧砂纸打磨。而不要直接用砂纸打磨，这是因为油色是“料重油轻”，干后漆膜不太坚固，用砂纸打磨容易把漆膜磨破，而造成色泽不一致，如发生这种现象，要进行修色。木材表面上的黑斑、节疤、材色不一致处，要用漆片、酒精加色调配(颜色同样板色)后修色。材色深的修浅，浅的提深，将深浅色木料拼成一色。

E. 刷漆片：要在刷 2～3 遍漆片后，再进行理漆片。漆片内要加颜色，一般加块子金黄，不能加多，加多了色重，涂刷后容易发花，颜色不均匀。要是不加颜色，涂刷后颜色

不鲜艳，好像面上有层白雾。每遍漆片之间都要用全旧的砂纸打磨。

刷好 2～3 遍漆片后便可理漆片。理漆片的要求是，物面经过刷理漆片后形成一个完好而略有光泽的面层。使最后清漆罩面之后光泽一致，稳定而清晰。因此，理完一遍漆片后，如果表面光泽已不再被底层吸收进去，则理漆片就算基本完成。一般理 3～4 遍即可。

F. 刷清漆：主要是使涂刷后物面光亮更足，而且能保护住底层的漆膜。用漆片刷、理也能做到出亮，但较为费工费料，而且漆片膜怕热怕烫，故一般采用清漆罩面，简单省工。涂刷时，每个面都要刷到，尽量保持厚薄一致。漆膜干后才能光亮均匀，润滑美观。涂刷清漆时要注意天气及环境情况。刮风下雨，现场灰尘太多时不要施工；天气炎热又受日晒时也要注意。

4）刷水色、清油、清漆面 这种操作程序，可用于家具，室内木装修也可使用。其操作方法为：

A. 清理、打砂纸：这道工序很重要，因为后道刷水色的颜色是否均匀一致，都与这道打砂纸有关。物面打磨得光滑平整，水色刷后就能颜色一致，尤其是低凹处，木工刨不光，一定要用砂纸磨光。

B. 刷水色：水色的颜料可以采用品色颜料。颜料与水的比例要视具体要求而定，颜色浓的应多加点颜料。使用前要另用小木块涂刷试色，看是否符合需要。要是颜料已经加完，但水分还多时，可延长加热时间，使水分蒸发至合适的浓度。

用油刷涂刷时，每一个面应一次刷完，不能乱涂漏刷。如果刷完发现颜色有深浅（大多是由于木质不一样，有的木质粗糙容易吸色，有的木质表面光滑不易吸色），则可以在浅色的地方再薄薄刷一遍，刷后晾干。

C. 刷清油：一般情况下是使用熟桐油与松香水（熟桐油：松香水＝1：2.5）配制的清油，但也可以用清漆代替熟桐油，即在清漆内加松香水，使其稀释到与熟桐油配制的清油相同的稠度。

如水色底刷得好，颜色比较一致时，清油内可不再加色。要是底色不理想，则可在清油内加色。加色时要用石性颜料，且只要配得大体上与底色相同即可，不能和底色一样。清油配好后一定要过滤。清油要刷得薄一点，这样干后面层才较为光洁。

D. 满批腻子及嵌补：腻子最好使用石膏油腻子，并在腻子内加色。也可用清漆代替腻子中的熟桐油，但这种腻子不如熟桐油拌的腻子好用。

先满批，用铲刀或牛角刮板将腻子刮入钉孔、裂纹、棕眼内。刮抹时，要横抹竖起，如遇接缝或节疤较大时，应用铲刀、牛角刮板将腻子挤入缝内，然后抹平。腻子一定要刮光，不留野腻子。满批时，一定要刮薄收干净，否则，会使物面色泽不清晰。满批干后再用存余腻子嵌补洞眼、凹陷处。嵌补腻子不限次数，只要将物面嵌平整就行。腻子干后，再用砂纸打磨，清扫干净。

E. 刷第二遍清油：这遍清油有两个作用：一是经过嵌批腻子后，物面颜色可能有不一致的现象，在这遍清油中加色（但不能加大量）能使刷后物面颜色一致；二是这遍清油和下一遍清油可起到使物面受漆饱和，最后上清漆时光亮更足。这遍清油根据配合比只能稀不能稠。清油干后要用旧砂纸打磨，并清扫干净。

F. 刷第三遍清油：这遍清油的作用与操作要求同上。

G. 刷清漆：经过以上各道工序，物面色泽已经基本一致了。刷清漆只是使刷后的物面更显光亮。刷时不能草率，要细致、刷匀、刷到，刷后要多用油刷理通。

如果是清漆磨退，应在此基础上再增刷清漆数遍而后再进行磨退，磨退最低不少于五遍。

5）硝基清漆的理平见光工艺　硝基清漆俗称“腊克”，特点是涂膜干燥快，平整光亮，耐磨性强，耐久性好，常用于虫胶清漆为底漆的面漆罩光。

A. 按下列顺序操作：基层处理→虫胶清漆打底→嵌批虫胶清漆腻子及打磨→润粉及打磨→施涂虫胶清漆→复补腻子及打磨→拼色、修色→施涂硝基清漆及打磨→揩涂硝基清漆并理平见光→擦砂蜡、光蜡。

B. 操作工艺要点为：

（*a*）基层处理的木材坯面要求平整光滑洁净。

（*b*）打底的虫胶清漆配比为漆片∶酒精＝1∶6，应涂匀，不漏刷。

（*c*）调配虫胶腻子的稠度要适当，一般虫胶片∶酒精＝1∶5～6。腻子颜色应与木材原色相似，略浅于原色为好。

（*d*）施涂虫胶清漆的动作要快，蘸漆不能过多，顺木纹一来一去刷匀，不漏刷，不流坠。

（*e*）施涂硝基清漆时要先将稠厚的硝基清漆用1～1.5倍的香蕉水（信那水）混合搅拌均匀后，用不脱毛的羊毛排笔施涂2～4遍，且每遍都应在上一遍清漆干透后进行（常温时为30～60min）。因其渗透力强，不可在一处重复刷，以免将涂层泡软吊起，每遍干燥后用140目旧木砂纸打磨，磨去细小尘粒及刷毛。

（f）揩涂。

（g）擦砂蜡。在砂蜡内加入少量煤油调制成糊状，用干净棉纱或棉布顺木纹方向来回擦，最好擦到物面有些发热。使面上的微小颗粒和纹路都擦平整。当表面出现光泽后，用干净棉纱将残余砂蜡揩净。

（h）擦光蜡。用棉纱头将光蜡敷于物面，要上满、上匀、上薄，再用绒布擦拭至闪光为止。

C. 操作注意事项为：

（a）操作者要加强环境通风，防火，防香蕉水挥发中毒。

（b）配好的硝基清漆及用剩的漆片要放在陶罐内，加盖密封，不可存放于金属器皿内，以防日久发黑。

（c）揩涂硝基漆工艺有初、中、高级之分。一般初级为揩涂一遍，中级为两遍，高级为三遍。

6）聚氨酯清漆刷亮与磨退工艺　在高级装修中，采用醇酸清漆或虫胶清漆为底漆，硝基清漆为面漆的工艺，虽可达到木纹清、涂膜亮的效果，其不足之处是耐水、耐热、耐候性较差，在冷暖、干湿循环的环境下，数年后易发黏、龟裂、起壳等，且罩面操作难度较大，揩涂时，手与硝基清漆直接接触，对操作者的健康有不利影响。

A. 聚氨酯清漆刷亮适于硬木门窗、护壁、家具等，聚氨酯清漆磨退适用于楼梯扶手、门扇、家具等。

B. 其操作顺序为：基层处理→润粉→打磨及施涂底油→打磨及嵌批复补石膏油腻子→打磨及施涂第一遍聚氨酯清漆→打磨及拼色、修色→施涂第二至第五遍聚氨酯清漆及打磨→磨光→施涂第六遍聚氨酯清漆（此为刷亮工艺的罩面漆）→磨光→施涂第七、八遍聚氨酯清漆（磨退工艺的罩面漆)→磨退→打蜡、抛光。

C. 操作工艺要点为：

(a) 基层处理：表面清洁，必要时漂白。

(b) 润粉：配合比为老粉∶水∶颜料=1∶0.4∶适量，水粉颜色按样板调色。棕眼须润到润满，均匀着力，顺木纹揩抹，快速，整洁，干净，防止木纹擦伤、漏抹。

(c) 打磨及施涂底油：待老粉干透后进行，底油宜薄不宜厚，配方为聚氨酯清漆∶香蕉水=1∶1，或熟桐油∶松香水=1∶1.5。

(d) 打磨及嵌批复补石膏腻子：待底油干透后，顺木纹打磨，并掸净表面，嵌批1～2遍油腻子，做到批实批满，不留批板痕迹。每遍干后都用100～80目号木砂纸磨平整，掸干净。对局部的细小缺陷要复补。

(e) 打磨及施涂第一遍聚氨酯清漆：聚氨酯清漆为双组分涂料，使用时，甲、乙组分按厂家给出的配合比调拌均匀，顺木纹涂刷，宜薄不宜厚。

(f) 打磨和拼色、修色：对较大的面积与样板色不一致时，可用水色，对面积较小的如腻子、节疤等可用酒色。

(g) 施涂第二至第五遍的聚氨酯漆并交替打磨：涂刷要均匀一致，每遍干透后，都要用100目或80目的旧木砂纸打磨一遍。把涂膜上的细小颗粒磨掉掸净后才能涂下一遍漆。第五遍漆干后可用280～320号的水砂纸打磨，把大约70%的光磨倒。然后擦去浆水并用清水揩抹干净。

(h) 施涂第六遍聚氨酯漆：此道为刷亮工艺的罩面漆，要求被涂物表面洁净，不得有灰尘，场地要通风但不可直吹，最好能用新开听的清漆，配好后应待15min后再使用。

D. 如果是磨退工艺，则还要增加以下工序：

（*a*）湿磨：方法同第五遍漆后的湿磨。

（*b*）施涂第七、八遍聚氨酯清漆：第七遍涂膜尚未完全干透时，涂第八遍，以利于涂膜丰满平整，在磨退中不易磨穿和磨透。

（*c*）磨退：待第二遍罩面漆（即第八遍清漆）干后，用400～500号水砂纸蘸肥皂水磨退涂膜表面光泽，要用力均匀，磨平、磨细腻，将光泽全部磨倒，揩净表面。

（*d*）打蜡、抛光：用新软的棉纱头敷砂蜡，顺木纹擦，可用力擦出亚水，棱角处不可多擦，以免擦白。收净多余砂蜡后，再用手工或抛光机抛光。最后用油蜡擦亮。

E. 涂刷聚氨酯清漆时注意事项是，空气湿度不能太大，相对湿度应在70%以下，否则会出现气泡，影响质量。涂膜未干透时，严禁用手触摸。物件的含水率不得大于12%，否则涂膜容易产生咬色、脱皮。

7）丙烯酸木器清漆刷亮与磨退工艺　丙烯酸树脂清漆耐候性、耐热性、防毒性、耐水性好，涂膜丰满光亮，附着力强，是一种高级清漆，价格较高。所以在使用上不及聚氨酯清漆普及。为降低成本，大多将它作为面漆使用。实践证明，用虫胶清漆打底，以醇酸清漆作中间涂层，丙烯酸清漆作面层的涂刷工艺既能降低材料费用，又能保证质量。可用于高级建筑的室内木装修和高级木制家具的涂装。

2. 金属面色漆施涂工艺

在油漆施工中，金属面一般是指钢门窗、钢屋架和一般金属制品，如楼梯踏步、栏杆、管子及黑白铁皮制品等。这些金属材料暴露在大气中会生锈，必须涂以防腐蚀涂料如防锈漆、沥青漆等加以保护。

金属面油漆的操作方法和一般油漆操作方法基本相同。

操作程序不外乎底层除锈，刷防锈漆和面漆等。金属表面施涂料的主要工序：除锈、清扫、磨砂纸→刷涂防锈涂料→局部刮腻子→磨光→第一遍刮腻子(中级以上)→磨光(中级以上)→第二遍刮腻子(高级)→磨光(高级)→第一遍涂料→复补腻子(中级以上)→磨光(中级以上)→第二遍涂料→磨光(中级以上)→湿布擦净(中级以上)→第三遍涂料(中级以上)→磨光(高级)→湿布擦净(高级)→第四遍涂料(高级)。

(1) 底层除锈：金属底层除锈一般采用手工方法，但最好采用机械喷砂除锈。喷砂法是指把以石英砂为主体的砂用高压空气向金属面喷射，靠它们的冲击和摩擦而除锈。而且在除锈的同时除了油，所以也具有脱脂作用。这种方法除锈效果好，还能用于复杂形状的物件。

金属构件在工厂制成后应预先刷一遍防锈漆。运至工地后，如放置时间较长已有部分出现剥落生锈，则需再刷一遍防锈漆，如剥落生锈的情况不多时，局部修补即可。

对于镀锌铁板或铝合金，虽难以生锈，但因表面有光泽时附着力差，因此除去脏物和附着物后，应涂刷底衬涂料，或置于室外1～2个月使锌面风化。

(2) 刷防锈漆：刷防锈漆时金属表面必须非常干燥，如有水汽凝聚必须擦干后再涂刷。门窗及细小结构零件可用1.5in或2in油刷涂刷，面积较大的可用2.5in的油刷涂刷。防锈漆一定要刷满刷匀。

钢门窗高度超过4m以上的部分，要在脚手架未拆除时在架上进行油漆。高空作业要系上安全带。

对于钢结构中不易刷到的缝隙处(如角钢相背拼合的屋架等)，应在装配前将拼合的缝隙处除锈和涂漆，但铆钉孔内不可涂入油漆，以免铆接后钉眼中夹有渣滓。

防锈漆干后(约24h)，用石膏油腻子嵌补拼接不平处。

(3) 刷磷化底漆：为使金属面的油漆能有较好的附着力，延长油漆的使用期和避免金属生锈腐蚀，在防锈漆上再涂一层磷化底漆。

磷化底漆由两部分组成，一部分是底漆，另一部分是磷化液。使用前将两部分混合均匀，其比例为每4份底漆加1份磷化液。磷化液不是溶剂，用量不能随意增减。

调配时首先要将底漆彻底搅合均匀，再将其倒入非金属容器内，一面搅拌，一面逐渐加入磷化液，加完搅匀后放置30min后使用，必须在12h内用完，不宜放置时间过长，以免胶凝造成浪费。

刷涂时以薄为宜，不能刷涂太厚。漆稠可以加稀，稀料可用3份酒精(浓度96%以上)与1份丁醇混合的稀释剂。酒精、丁醇的含水量不能太大，否则漆膜易泛白，影响效果。

施工场所要求干燥，如湿度太高，漆膜易发白。

磷化底漆刷涂2h后，就可以刷涂其他底漆和面漆。

磷化液的配比：工业磷酸70份，一般氧化锌5份，丁醇5份，酒精10份，清水10份。

如金属物面上不涂刷磷化底漆，也可单涂一层磷化液来处理，即在配好的磷化液中加入50%的清水搅拌均匀后，就可刷涂。

一般情况下，刷涂后24h就可用清水冲洗和用毛板刷除去表面的磷化剩余物。待其干燥后进行外观检查，如金属表面生成一种灰褐色的均匀磷化膜，就达到了磷化要求。

(4) 刷铅油：刷铅油的方法与要求和刷防锈漆相同。黑白铁皮制品、各种管子、暖气片等，可在工厂进行到刷好铅油这道工序，安装后再涂刷最后面层油漆。

（5）刷调合漆：一般金属构件只要在面上打磨平整，清扫干净即可刷油。但要注意操作次序，先从上部难刷之处开始，构件的周面都要刷满、刷匀。金属构件刷面较多，常有漏刷现象发生，因此，一个构件刷后要反复观察是否有漏刷现象。

刷好防锈漆和底漆的钢门窗在刷最后一遍漆前应将玻璃安装完毕，并抹好油灰，窗子里面的底灰也应修补平整，整个门窗经打磨清扫后才能刷调合漆。钢门窗上的小五金件不需油漆，沾上的要及时揩掉。抹好的油灰面也要刷油，但不能把油灰面刷毛。

3. 抹灰面色漆施涂工艺

抹灰面油漆分一般油漆和特殊要求的油漆两种。

无光油漆面和乳胶漆面都是要求刷后漆膜无光，用于高级建筑中的卧室、会客室，普通住宅等应用也较多。过氯乙烯漆则用于有耐酸要求的抹灰面上。

（1）刷无光油

1）抹灰面清理

2）嵌批腻子　嵌、批用的腻子除满足一般的调配与使用要求外，在较大的缺陷处及裂缝较大的地方应采用较硬的腻子来填实、嵌平。腻子干后用钢皮刮板刮一遍，再满批腻子。最好使用血料腻子，但猪血供应较困难，且易腐坏，现一般可采用普通水性乳剂腻子。腻子一般要批两道，如墙面较为平整可局部找补腻子或只满批一道腻子也可以。批腻子应力求平整干净，每道工序后都要扫清灰土。

3）刷清油　可用 3～4in 的油刷或 16 管排笔操作。清油要求刷到刷匀，不能有遗漏和流淌现象。清油干后（约 12h 以上）找补腻子。

4）刷铅油　刷铅油可使用 3 英寸(in)油刷或 16 管排笔操作，一般是用刷过清油的油刷或排笔。头道铅油要配得较稀些，以便于刷开、刷匀。头道铅油干后，如还有缺陷，要用石膏油腻子找补。干后再用 1 号木砂纸打磨。清扫后即可刷第二道铅油。

二道铅油要配得油料重、稀料少，使刷后的漆膜有较好的光泽，最好采取铅油与调合漆各半对掺使用。干后要用半旧砂纸打磨并清扫。

5）刷无光油　刷无光油的操作方法与刷铅油一样，但这种油漆干燥快，刷时一定要两人配合好，动作快，刷匀，接头处要用排笔或油刷刷开、刷匀，再轻轻理直。

6）刷无光油的注意事项：

A. 刷每道油漆时，上方操作者要把门、窗等处沾上的油漆揩擦干净。下方操作者要把地板、踢脚线处沾的油漆擦净。

B. 刷子顶时，跳板要经过试压、挑选，防止跳板受压断裂，以保安全。

C. 为了保证质量，刷油时要把门、窗关闭，避免空气对流，使油漆干燥得较慢些，以利操作。刷完后开启通风。每道油漆须经过 24h 后才能进行下次刷油。

D. 如做一般调合漆面，在二道铅油面上刷调合漆即可。但二道铅油要配成无光的，才能保证调合漆刷后光泽稳定，即在配二道铅油时要适当减少油料用量，增加稀料用量。

（2）刷乳胶漆：室内用乳胶漆的种类很多，市场上的立邦漆、多乐士漆等都是乳胶漆，这里介绍聚醋酸乙烯乳胶漆，其他类乳胶漆大同小异。

乳胶漆以水为分散介质，形成的涂膜是开孔的，基层水分可以通过漆膜小孔继续挥发，直至干燥，故可在含水率10%左右的墙面上涂饰。漆膜干燥速度也快，施工时两遍之间的间隔只需几小时。在施工中不污染空气，不危害人体，容器和工具可以用水洗刷，使用操作十分方便。操作工艺为：

1）基层清理

2）嵌批腻子　可用聚醋酸乙烯腻子。嵌批腻子时使用钢皮刮板或橡皮、硬塑料刮板均可。操作方法与一般嵌、批腻子相同。

3）刷乳胶漆　一般刷两遍，如工程需要也可刷三遍。开桶后加水要适当，调配时不能太稠，一般水量不要超过乳胶漆重量的 20%，最好在 10%～15%之内，太稠会刷不开，起胶花，太稀则影响漆膜质量。

施工时温度应保持在 5℃以上，以防冻结。冬季如漆已冻结，应在室温下让漆自行化开，不可用火加热或沸水炖化。

乳胶漆干燥快，大面积涂刷时应多人配合，流水作业，互相衔接，顺一个方向刷，必须把接头搭接好。一个刷面应一次完成。宜用排笔刷或滚涂。两遍漆之间一般间隔 2h。

乳胶漆也可用手压喷浆泵喷涂，或用空压机和喷斗喷涂，但耗漆量较大。

（3）刷过氯乙烯漆

过氯乙烯漆是耐酸、耐腐蚀专用油漆。它的涂刷遍数最少五遍成活，即一遍底漆，两遍磁漆，两遍清漆。根据不同要求也有涂刷 6～9 遍的，但底漆最多不能超过两遍。磁漆和清漆的遍数可以增加。其操作工艺如下：

1）抹灰面清理。

2）刷底漆　操作方法与刷铅油相同。

3）嵌腻子　腻子有自配和工厂生产的两种。这种腻子的可塑性不好，要随嵌、随刮平，不能多刮，否则会从底翻起。因过氯乙烯漆至少刷五遍，故一般可不满批腻子。

4）刷过氯乙烯磁漆　刷法与底漆一样。但因底漆最容易被磁漆吊起，故刷磁漆时，要手轻手快。一般磁漆只刷两遍，如盖不住底漆或颜色不一致时可再刷1～2遍。每道工序都要打磨清扫。

5）刷过氯乙烯清漆　一般刷2～4遍即可，操作方法同磁漆一样。

（4）注意事项

1）过氯乙烯漆有特定的稀释剂，用于各遍油漆稀释和洗手、洗工具。不宜用香蕉水代替。

2）过氯乙烯漆气味较大，有毒性，大面积刷漆时要戴防毒口罩，每隔1h要通风一次。

3）过氯乙烯漆也可在木材、金属等物面上作为耐酸涂料。

（二）普通水乳性涂料施工工艺

1. 内墙涂料施工工艺

室内普通水乳性涂料的施工是指在建筑物内墙、顶棚的抹灰层表面，经嵌批腻子和基层处理后，喷刷、滚涂各种浆料或涂料。

室内一般常用的涂刷材料品种有石灰浆、大白浆、可赛银浆料、106内墙涂料、803内墙涂料、聚醋酸乙烯乳胶漆等。

(1) 涂刷石灰浆

1) 操作工艺顺序

基层处理→嵌补缝隙、局部批刮腻子→涂刷第一遍石灰浆→复补腻子→涂刷第二遍石灰浆→涂刷第三遍石灰浆。

2) 操作工艺要点

A. 基层处理：要把抹灰面上的灰砂等浮物用铲刀铲除和清理干净。

B. 嵌补缝隙，局部刮腻子，对较大的洞和裂纹可先用纸筋灰进行嵌补。对局部凹凸不平整的抹灰面可用钢皮批板或铲刀批刮一层纸筋灰腻子，要求批刮得平整光洁。

C. 涂刷第一遍石灰浆：待嵌补的纸筋灰腻子干透后，可涂刷第一遍石灰浆。

涂刷石灰浆一般使用排笔(20 管)，大刷帚，要上下前后按顺序刷，不得漏刷，相接处要刷开接通，以防刷花。如刷色浆，要按色配制，第一遍浆颜色可浅一些，第二、三遍要深一些。

D. 复补腻子：待第一遍石灰浆干透后，用铲刀在墙面上刮一遍，主要是把墙面上粗糙的颗粒疙瘩刮去，然后用纸筋灰腻子进行复补，批刮要平整光洁。

E. 涂刷第二遍石灰浆：待复补腻子干透后，可刷涂第二遍石灰浆，要求涂刷均匀，不能太厚，以防起灰掉灰。

F. 涂刷第三遍石灰浆：是否需涂刷第三遍石灰浆，应根据施工要求和实际情况来定，涂刷方法同上。

(2) 喷涂石灰浆

对有些施涂要求不高的建筑物，如工业厂房中的混凝土结构及预制构件，砖墙面的饰面，一般都采用喷涂石灰浆的工艺，以提高工效。

1）操作工艺顺序

施工准备→基层清理→嵌补缝隙，局部批刮腻子→喷涂第一遍石灰浆→复→补腻子→喷涂第二遍石灰浆。

2）操作工艺要点

A. 手推式喷浆机使用前必须先在吸浆管头上包一层80目铜丝布或二层铁窗纱，以防管道堵塞。然后把吸浆管放入浆桶内，来回推动手柄，使活塞运动产生压力冲程，由于吸浆管和稳压室之间有钢球上下顶住或吸开阀门，就能把浆压到稳压室流进喷浆管道，再通过喷浆头形成雾状，从而均匀地把浆液喷在被喷涂物面上。

B. 进行单个喷浆头喷浆可由7人组成，其中配浆，运浆、压浆、喷浆各工人，1人作为压浆替换者及帮助喷浆者拉皮管，2人用排笔涂刷门窗樘四边墙面，以保持内窗的清洁。如用双头进行喷浆时，则需再增加2人，即1人喷浆，1人替换。

C. 喷涂用的石灰浆，先用40目铜丝箩过滤头遍，再用80目铜丝箩过滤第二遍后才能使用。过滤后的石灰浆必须保持清洁，喷涂头遍浆要配得稠些，以利增加石灰浆与被涂物面的附着力，减少流淌。

D. 基层清理和嵌补缝隙，局部批刮腻子：在抹灰面上喷涂石灰浆，其基层处理和嵌补腻子的操作方法同前；在清水砖墙和混凝土表面喷涂石灰浆，只要清除灰土等浮物就可直接进行喷涂，可省去嵌补腻子的操作工序。

E. 喷涂石灰浆，墙面、顶棚喷浆，对门窗四周要进行遮盖，并先在门窗樘四周涂刷一排笔宽约150㎜的石灰浆。喷浆机喷浆时，要根据喷浆前进方向慢慢移动喷头，使喷面受浆均匀。如一间房应先把墙与平顶交接处喷好，并使墙顶

四周至少喷出 20～30cm 宽的边条。再由里向外，边喷边向门口方向后退，喷完后即可退出房间。

混凝土槽形板顶棚喷浆，要先喷好凹面的四周内角处，再喷中间平面。因四周内角喷浆较为困难，如先喷好平面再喷四周内角，会将灰浆溅到平面上，使平面受浆不匀而流淌。凹槽四周先喷时平面已经大部溅到受浆，故喷完槽内再在平面上轻轻喷过即成。

清水砖墙面喷浆，因砖墙面吸水较强，喷涂用的石灰浆要稀些，如太稠，喷涂时灰浆中的水分很快就被砖吸收掉，在喷面上形成粗糙颗粒，附着力相应也差，影响质量。

喷浆时应注意，喷浆头要始终对着砖墙灰缝喷射，待灰缝上下都喷到浆时砖面已基本喷好了，只要轻轻补喷一下即成。如果先喷砖面，再喷灰缝就会形成砖面受浆太多，影响质量。另外，砖墙面喷涂时，要将喷浆头的口径调小，砖墙灰缝就容易着浆了。

3）操作注意事项

A. 喷浆时喷头距离墙面，顶棚约 400mm，第一遍不要喷得太多，以防流滴，同时要注意风向，尽量避免灰浆飞溅到门窗和操作者自己身上。

B. 每次操作下班后都要清洗喷浆工具，清洗喷浆机和皮管的方法为：吸入清水，将剩余灰浆喷净，直至喷出的全是清水为止。

（3）室内大白浆及 106、803 内墙涂料的施工工艺

大白浆作为内墙抹灰面的饰面材料具有遮盖力强，涂层外观细腻洁白的优点。它的货源充足、价格低、施工操作和维修、更新都较方便，使用较普遍。

106 内墙涂料是聚乙烯醇水玻璃类涂料的主要产品，涂

膜具有一定的粘结强度和防潮性能，涂膜无光泽，表面光滑，干燥快，能配成多种色彩，用在一般住宅建筑及公用建筑室内墙面，墙裙及顶棚。

803 内墙涂料成膜性能，遮盖力，粘结力以及耐湿擦性均优于 106 内墙涂料。

1）操作工艺顺序

大白浆、106 涂料和 803 涂料的施工操作方法相同，均为基层处理→嵌补缝隙→打磨→满批腻子二遍→复补腻子→打磨→涂刷涂料二遍(或滚涂二遍)。

2）操作要点

A. 基层处理 用铲刀、铁砂布铲除或磨掉表层残留的灰砂、浮灰、污迹等。

B. 嵌补缝隙先调拌硬一些的胶粉腻子，可适量加些石膏粉，用铲刀嵌补抹灰面上较大的缺陷，要求填平嵌实。

C. 打磨嵌补腻子后，可采用 0 号或 1 号砂纸打磨平整，然后将粉尘清除干净。

D. 满批腻子墙面满批的腻子一般采用胶粉腻子。如果是新墙面，则可直接批刮腻子，如果是旧墙面或墙面较疏松，可以先用 108 胶加水＝1∶3 在墙面刷涂一遍，待干后再批刮腻子。

E. 复补腻子墙面经过满刮腻子后，如局部还存在细小缺陷，应再复补腻子，复补用的腻子要求调拌得细腻，轻硬适中，复补后墙面应平整和光洁。

F. 打磨待腻子干后可用 1 号砂纸打磨平整，打磨后应将表面粉尘清除干净。

G. 涂刷涂料一般涂刷二遍，涂刷工具可用羊毛排笔或

滚筒。用排笔涂刷一般墙面时，要求两人或多人同时上下配合，一人在上刷，另一人在下接刷，涂刷要均匀，搭接处无明显的接槎和刷纹。刷涂涂料可用排笔涂刷和辊筒滚涂。

H. 用辊筒滚涂的特点是工效高，涂层均匀，无流坠等弊病，能适用高粘度涂料。其缺点是滚涂适用于较大面积的工作面，不适用边角面、边角、门窗等工作面，还得靠排笔来刷涂。

3）操作注意事项

A. 在石膏板、TX 板等轻质板面上涂刷涂料，首先要在固定的面板螺钉眼点刷防锈漆和白色铅油，以防螺钉锈蚀，表面出现锈斑污染涂层。在面板之间的接缝处理上，应先用石膏油腻子将接缝嵌平，再将涂有乳胶的穿孔纸带贴在接缝处，如图 5-1 所示。

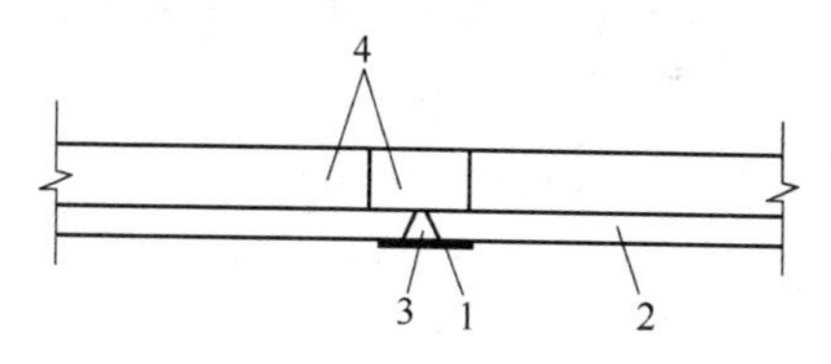

图 5-1　接缝处理

1—穿孔胶带纸；2—纸面石膏板；3—拼缝处用石膏油腻子嵌平；4—木平顶筋

B. 室内涂料施工，要求抹灰面在干燥、无析碱的条件下才能涂刷，墙面含水率要求不超过 10%。

C. 由于大白浆中的老粉本身没有强度和粘结力，主要靠掺入胶粘剂来增加和易性和粘结力，所以浆料配好后，不得随意加水，应保持稠糊状不使其沉淀。

2. 乳胶漆施工工艺

建筑乳胶漆可分为室内用和室外用两大类。由于乳胶漆不用植物油，而是以石油化工生产的醋酸乙烯、苯乙烯、丙烯酸酯等单体为主要原料，并以水分为分散介质的一种水性涂料。它具有一定的透气性和耐碱性、附着力好、涂膜干燥快、无毒、不燃等特点。近年来已广泛用于混凝土、抹灰、石棉水泥板、石膏板、木材等表面。

（1）操作工艺顺序

基层处理→涂刷底胶→嵌补腻子→满批腻子→打磨→涂刷或滚涂乳胶漆二遍。

（2）操作工艺要点

1）基层处理，用铲刀、砂纸铲除或打磨掉表面的灰砂、浮灰、污迹等。对旧墙面的处理详见本教材“基层处理”。

2）涂刷底胶：如遇旧墙面或墙面基层较疏松，可用108胶加水刷一遍，其配合比为108胶∶水＝1∶3，以增强附着力。

3）嵌补腻子：先调拌硬一些的胶腻子（可适量加些石膏粉），将墙面较大的洞或裂缝补平，干燥后用0号或1号砂纸打磨平整。

4）满批腻子：用胶粉腻子满批二遍，直至平整，批刮腻子方法同前述803涂料批刮腻子的方法。

5）刷涂（或滚涂）乳胶漆二遍：乳胶漆一般涂刷二遍为佳，但如需要也可涂刷三遍。第一遍涂毕干燥后，即可涂刷第二遍。由于乳胶漆干燥迅速，大面积施工应上下多人合作，流水操作，从墙角一侧开始，逐渐刷向另一侧，互相衔接，以免出现排笔接印。操作动作要领与涂刷803等涂料相同，此外，也可用辊筒进行漆涂操作。

（三）溶剂型涂料施工工艺

1. 聚酯彩色涂料刷亮与磨退工艺

各色聚氨酯磁漆又称聚氨酯彩色涂料，属于聚氨基甲酸酯漆类，是我国近年来在木制品涂料涂饰中发展较快的一种高级涂料。该涂料的涂膜具有坚硬光亮、附着力强、耐水、防潮、防霉、耐油、耐酸碱等特点，可用于室内木装饰和家具的装饰保护性涂层。

（1）操作工艺顺序

基层处理→施涂底油→嵌批石膏油腻子二遍及打磨→施涂第一遍聚氨酯磁漆及打磨→复补聚氨酯磁漆腻子及打磨——施涂第二、三遍聚氨酯磁漆→打磨→施涂第四、五遍聚氨酯磁漆(刷亮工艺罩面漆)→磨光→施涂第六、七遍聚氨酯磁漆(磨退工艺罩面漆)→磨退→打蜡、抛光。

（2）操作工艺要点

1）基层处理：其操作方法与磁漆基层处理相同。

2）施涂底油：基层处理后，可用熟桐油：松香水＝1：2.5涂刷底油一遍，该底油较稀薄，故能渗透进木材内部，起到防止木材受潮变形，增强防腐作用，并使后道的嵌批腻子及施涂聚氨酯磁漆能很好地与底层粘结。

3）嵌批腻子及打磨：待底油干透后嵌批石膏油腻子二遍，嵌批方法与嵌批磁漆石膏油腻子相同。石膏油腻子干透后，应用100目或80目木砂纸打磨，其方法与磁漆打磨相同。

4）施涂第一遍聚氨脂磁漆及打磨：各色聚氨酯磁漆由双组分即甲、乙组分组成，混合后反应成膜，其中甲组分为固化剂、乙组分为树酯。施涂工具可用50～63mm的油漆刷或16管羊毛排笔，施涂时，先上后下，先左后右，先难后易，先外后里(窗)，要涂刷均匀，无漏刷和流挂等。

5）复补聚氨酯磁漆腻子及打磨：表面如还有洞缝等细小缺陷就要用聚氨酯磁漆腻子复补平整，并掸干净。

6）施涂第二、三遍聚氨酯磁漆：施涂第二、三遍聚氨酯磁漆的操作方法同前。待第二遍磁漆干燥后也要用100目木砂纸轻轻打磨并掸干净后，再施涂第三遍聚氨酯磁漆。

施涂聚氨酯磁漆时应注意除了按规定的配合比，还应根据施工和气候条件适当调整甲、乙组分的用量。

7）打磨：待第三遍聚氨酯磁漆干燥后，要用280号水砂纸将涂膜表面的细小颗粒和油漆刷毛等打磨平整、光滑，并揩抹干净。

8）施涂第四、五遍聚氨酯磁漆：施涂物面要求洁净，不能有灰尘，排笔和盛漆容器要干净。施涂第四、五遍聚氨酯磁漆的方法与上基本相同，但要求第五遍聚氨酯磁漆最好能在第四遍的涂膜没有完全干燥透的情况下就接着刷，以利于涂膜的相互粘结和涂膜的丰满及平整。各色聚氨酯磁漆刷亮整个操作工艺到此就告完成。如果是各色聚氨酯磁漆磨退工艺，还要增加以下操作工艺。

9）磨光：待第四、五遍聚氨酯磁漆干透后，用280～320号水砂纸打磨平整，打磨时用力要均匀，要求把大约70%的光磨倒，打磨后揩净浆水。

10）施涂第六、七遍聚氨酯磁漆：涂刷第六、七遍聚氨酯磁漆是聚氨酯磁漆磨退工艺的最后二遍罩面漆，其涂刷操作方法同上。

11）磨退：待罩面漆干透后用400～500号水砂纸蘸肥皂

水打磨，要求用力均匀，磨退掸涂膜表面的光泽，达到平整、光滑、细腻，把涂膜表面的光泽全部磨倒，并揩抹干净。

12）打蜡、抛光：其操作方法与聚氨酯清漆的打蜡抛光方法相同。

（3）操作注意事项

1）使用各色聚氨酯磁漆时，必须按规定的配合比来调配，并应注意在不同的施工操作或环境气候条件下，适当调整甲、乙组分的用量。调配时，甲、乙组分混合后应充分搅拌均匀，需静置 15～20min 起净小泡后才能使用。同时要正确估算用量、避免浪费。

2）涂刷要均匀，宜薄不宜厚，每次施涂、打磨后，都要清理干净，并用湿揩布揩抹干净，待水渍干后才能进行下道工序操作。

2. 磁漆、无光漆施涂工艺

（1）在木材面上的施涂

1）操作工艺顺序

施工准备→基层处理→施涂底油→嵌批石膏油腻子二遍及打磨→施涂铅油一遍及打磨→复补腻子及打磨

→ 施涂填光漆一遍及打磨　施涂磁漆一遍。

→ 施涂调合漆一遍及打磨　施涂无光漆一遍。

2）操作工艺要点

A. 施工准备：包括材料准备和工具准备。材料要备好熟石膏粉、熟桐油、火、松香火、催干剂、铅油、调合漆、无光漆和磁漆等。工具应备有双梯、小提桶、油漆刷(5～10in)，排笔(4 管～20 管)、牛角翘、油灰刀、划线刷、粉线袋、铜丝箩(常用 40、60、80、100 目)、80 目木砂纸。

B. 基层处理：木料制品本身的干燥程度应符合涂料工程的施工要求。其基层处理详见第三章中木基层的处理。

C. 施涂底油：清油的质量配合比一般以熟桐油∶松香水＝1∶2.5 为好。这样配制的清油较稀，能渗进木材内部，起到防止木材受潮变形，增强防腐的作用，并使后道工序嵌批腻子，施涂沿油能很好地与底层粘结。

D. 嵌批石膏油腻子二遍及打磨：底油干后即可嵌批石膏油腻子。每遍腻子干透后都要用 120 目木砂纸进行打磨。

E. 施涂铅油及打磨：用施涂过清油的油漆刷。操作时要顺木纹刷，不能横纹刷，线角处不能施涂得过厚，避免产生皱纹串珠。

F. 复补腻子及打磨：铅油施涂及打磨后，如还存在部分细小缺陷须补嵌腻子时，可用加色腻子补嵌并补刷铅油。

G. 施涂填光漆一遍及打磨：如面漆是用磁漆罩面，则应该填光，即在钻油中掺入适量的磁漆，增加漆内的油料，使得最后成活后，色泽丰满。

H. 施涂磁漆一遍：磁漆比较稠，因此在施涂磁漆时必须用施涂过铅油的油漆刷操作，用新的油漆刷易留刷痕。油漆刷刷毛不能过长或过短，因刷毛过长磁漆不易刷匀，容易产生皱纹，流坠现象；刷毛过短则会产生刷痕，露底等弊病。

I. 施涂调合漆一遍及打磨：可使用施涂过铅油的油漆刷，操作要点同施涂铅油。

J. 施涂无光漆一遍：无光漆有快干的特点，施涂它的主要目的是将原有光泽刷倒，不显缕光。

(2) 在混凝土和抹灰面上的施涂

1) 操作工艺顺序

基层处理→施涂打底涂料→嵌批腻子二遍及打磨→施涂底油及打磨→施涂铅油一遍

→复补腻子及打磨 → 施涂填光漆一遍及打磨 → 施涂磁漆一遍。
　　　　　　　　 → 施涂调合漆一遍及打磨 → 施涂无光漆一遍。

2）操作工艺要点

A. 基层处理：详见本书第三章（三）中混凝土及抹灰面基层处理。

B. 施涂打底涂料：其目的一是为了增加腻子的附着力，二是便于施涂上层涂料和节省材料。底子涂料一般采用血料水，也可以用熟桐油加松香水（质量比为熟桐油：松香水＝1：2.5～4）配成的底油。施涂工具采用16管羊毛排笔。施涂时要刷到，刷匀，以免产生流淌，皱纹等弊病。

C. 嵌批腻子二遍及打磨：粗嵌腻子用厚硬油腻子（熟桐油，石膏粉加水调配）将洞眼，缝隙，低坑处先行填补，特大洞缝可用水石膏填补，干后再满批腻子。满批腻子可用石膏油腻子，但在不影响质量的前提下，也可选用胶油腻子，血料腻子或菜胶腻子。满批腻子一般要求批刮二遍，即横向批刮一遍，再纵向批刮一遍。每遍腻子的批刮方向要错开，腻子要批的平整，并收刮干净。每遍腻子干后用1号砂纸通磨和掸扫干净。

D. 施涂底漆及打磨：采用7.5～10cm油漆刷或16管排笔在嵌批好的墙面或顶棚上施涂一遍，要求刷到、刷匀，不能有漏涂和流淌现象。待干后用1号木砂纸打磨，并掸扫干净。

E. 施涂铅油一遍：一般采用已施涂过底油的油漆刷或排笔操作。铅油要配得较稀些，以便刷开，刷匀。一般

3.5m左右高的墙面，要两人上下配合施涂，如超过时要适当增加人员。施涂时要从不显眼处刷起。一般是先从门后暗角刷起，两人上下要相互配合，不使接头处有重叠现象。顶棚施涂要用人字梯搭跳板操作，要求两人从两边开始向中间施涂，也可以从中间开始向两边施涂。每一次移动人字梯，施涂的接槎处最好留在有各种构件挡住的地方(如中间灯座、中间花纹圈及梁柱等处)，这样就不会明显看出留下的接槎。

F. 复补腻子及打磨：钻油干后，如还有缺陷处再用石膏油腻子复补，干后用1号砂纸打磨，掸扫干净。

G. 施涂填光漆一遍及打磨：同木基层上施涂填光漆。

H. 施涂磁漆一遍：同木基层上施涂磁漆。

I. 施涂调合漆一遍及打磨：同前木基层上施涂调合打磨。

J. 施涂无光漆一遍：同前木基层上施涂无光漆。

3. 喷漆施涂工艺

喷漆是目前普遍应用的涂料施涂方法之一，其最大特点是采用机械喷涂施工。它适用于不同的基层和各种形状的物面，对于被涂物面的凹凸、曲折、倾斜、洞缝等复杂结构，都能喷涂均匀。对于大面积或大批量施涂，喷漆可以大大提高工效，因此它的应用范围越来越广。

喷漆用的设备有气泵，滤气罐，风管和喷枪等。建筑施工中常用的喷枪一般有对嘴式，流出式，吸出式三种，其中以对嘴式喷枪用得最多。喷涂时将手把揿压，压缩空气就从气喷中喷出，使漆液从出漆嘴中均匀地喷在物面上。

(1) 操作工艺顺序

基层处理→喷涂第一遍底漆→嵌批第一、二遍腻子及打磨→喷涂第二遍底漆→嵌批第三遍腻子及打磨→喷涂第三遍底漆及打磨→喷涂二至三遍面漆及打磨→擦砂蜡→上光蜡。

(2) 操作工艺要点

1) 基层处理：喷漆的基层处理和涂料工艺的基层处理方法相同，但喷漆涂层较薄，因而要求更严格。这里详细介绍金属面的基层处理。

金属面的基层处理，可分为手工处理，机械处理和化学处理三种，建筑工程上普遍采用的是手工处理方法。

手工处理是用油灰刀和钢丝刷将物面上的锈皮，氧化层及残存铸砂刮擦干净，用铁锤将焊渣敲掉，再用 80 目铁砂布全部打磨一遍，把残余铁锈全部打磨干净，并将铁锈，焊渣，灰尘及其他污物掸扫干净，然后用汽油或松香水清洗，将所有的油污擦洗干净。

机械处理常用的工具有喷砂、风动刷、电动刷、铲枪等。喷砂是用压缩空气喷石英砂喷打物面，将锈皮、氧化层、铸砂、焊渣除净，再清洗干净。这种处理方法比手工处理好，因物面经喷打后呈粗糙状，能增强底漆的附着力。风动刷是由钢丝刷盘和风动机两部分组成，而电动刷是由钢丝刷盘和电动机两部分组成，它们的不同只是风力与电力的区别。这种工具是借助于机械力的冲击与摩擦，达到去除锈蚀和氧化皮的目的，它同手工钢丝刷相比，其除锈质量好，工效高。铲枪也是风动除锈工具，对金属的中锈和重锈能起到较好的除锈效果。它的作用同手工油灰刀相似，但提高了工效和质量。

化学处理是使酸溶液与金属氧化物发生化学反应，使氧化物从金属表面脱落下来，从而达到除锈的目的。一般是用

15%～20%的工业硫酸和85%～80%清水混合配成稀硫酸溶液。配制时应注意，要把硫酸倒入水中，而不能把水倒入硫酸中，否则会引起爆炸。然后将金属物件放入硫酸溶液中浸泡约10～20min，直至彻底除锈。取出后用清水冲洗干净再用10%浓度的氨水或石灰水浸泡一次，进行中和处理，再用清水洗净，晾干待涂。

2）喷涂第一遍底漆：喷漆用的底漆种类很多，有锌黄酚醛底漆、灰色酯胶底漆、硝基底漆、铁红醇酸底漆等多种。其中醇酸底漆具有较好的附着力和防锈性能，而且与硝基清漆结合性能也比较好；对稀释剂的要求不高，一般的松香水、松节油都可用；不论施涂或喷涂都好使用；且能在一般常温下经12～24h干燥，故宜优先选用。

喷漆使用的底漆都要稀释。在没有黏度计测定的情况下，可根据漆的重量掺入100%的稀释剂，以使漆能顺利喷出为准，但不能过稀或过稠。因为过稀会产生流坠现象，而过稠则易堵塞喷枪嘴。不同喷漆所用的稀释剂不同。醇酸底漆可用松香水等稀释，而硝基纤维喷漆要用香蕉水稀释。掺稠调匀后要用120目铜丝箩或200目细绢箩过滤，除去颗粒或颜料细粒等杂物，以免在喷涂时阻塞喷嘴孔道，或造成涂层粗糙不平，影响涂膜的平整和光亮度，还浪费人工或材料，影响下道工序的顺利进行。

喷涂时喷枪嘴与物面的距离应控制在250～300mm之间，一般喷涂头遍漆时要近些，以后每道要略为远些。气压应保持在0.3～0.4MPa之间，喷头遍后逐渐减低。如用大喷泉枪，气压应为0.45～0.65MPa。操作时，喷出漆雾方向应垂直物体表面，每次喷涂应在前已喷过的涂膜边缘上重叠喷涂，以免漏喷或结疤。

3）嵌批第一、二遍腻子及打磨：喷漆用的腻子是由石膏粉、白厚漆、熟桐油、松香水等组成，其配合比为3∶1.5∶1∶0.6。调配时要加适量的水和液体催干剂。水的加入量应根据施工环境气温的高低、石膏材料的膨胀性，嵌批腻子的对象和操作方法等条件来决定。如空气干燥，温度高时可多加；环境潮湿或气温较低时少加。总之必须满足可塑性良好，干燥后干硬度较好的要求。而使用催干剂必须按季节、天气和气温来调节，一般用量不得超过桐油和厚漆质量的2.5％。配制腻子时，应随用随配，不能一次配得太多，以免多余的腻子因迅速干燥而浪费掉。嵌批腻子时，平面处可采用半角翘或油灰刀，曲面和楞角处则采用橡皮批板嵌批。喷漆工艺的腻子不能来回多刮，多刮会把腻子内的油挤出，把腻子面封住，使腻子内部不易干硬。第一遍腻子嵌批时，不要收刮平整，应呈粗糙颗粒状，这样可以加快腻子内水分和油分的蒸发，容易干硬。第一遍腻子干透后，先用油灰刀刮去表面不平处和腻子残痕，再用砂纸打磨平整并掸扫干净。接着批第二遍腻子，这遍腻子要调配得比第一遍稀些，以使嵌批后表面容易平整。干后再用砂纸打磨并掸扫干净。嵌批腻子时底漆和上道腻子必须充分干燥，因腻子刮在不干燥的底漆或腻子上，容易引起龟裂和起泡。当底漆因光度不太大，而影响腻子附着力时，可用砂纸磨去漆面光度。如果嵌批时间过长，或天热气温高，腻子表面容易结皮，可用布或纸在水中浸湿盖住腻子加以防止。

4）喷涂第二遍底漆：这遍底漆配制要稀一些，以增加后道腻子的粘合能力。

5）嵌批第三遍腻子及打磨：待第二遍底漆干后，如果发现还有细小洞眼，则须用腻子补嵌，腻子要配得稀些，以便补嵌平整。腻子干后用水砂纸打磨平整，清洗干净。

6）喷涂第三遍底漆及打磨：喷涂操作要点同前，干后用水砂纸打磨，再用湿布将物面擦净揩干。

7）喷涂二至三遍面漆及打磨：每一遍喷漆包括横喷，直喷各一遍。喷漆在使用时同底漆一样，也要稀释，第一遍喷漆黏度要小些，以使涂层干燥得快，不易使底漆或腻子爬起来，第二、三遍喷漆黏度可大些，以使涂层显得丰满。第一遍喷漆干燥后，都要用320号水砂纸打磨，使漆面光滑平整无挡手感。然后擦砂蜡。

8）擦砂蜡：在砂蜡内加入少量煤油，调配成浆糊状，再用干净的棉纱和纱布蘸蜡往漆面上用力摩擦，直到表面光亮一致无极光。然后用干净棉纱将残余砂蜡收揩干净。

9）上光蜡：用棉纱头将光蜡敷于物面，并要求全敷到，然后用绒布擦试，直到出现闪光为止，此时整个物面色泽鲜美，精光锃亮。

（3）操作注意事项

1）喷漆物件上的电镀品、玻璃、五金等不需喷涂之物，可用凡士林，黄油涂盖，或用纸贴盖，如不小心将漆喷涂上要马上揩擦干净。

2）腻子面和喷漆面一定要保持清洁，不得沾上油污，或用油手抚摸，以免涂膜脱落。

3）潮湿环境下喷漆容易发白，此时可在喷漆内加防潮剂来避免，但防潮剂用量不得过大，一般是涂料内稀释剂的5％～15％。如喷漆的物面已有发白现象，则可用稀释剂加防潮剂薄喷一遍，即可消除发白现象。

4）喷漆用的气泵要有触电保护器，压力表要经过计量检定。

5）要有口罩，工作服等专用劳动保护用具。

（四）美术油漆施工工艺

美术涂饰是指以油和油性涂料为基本材料，运用美术的手法，将人们喜爱的花卉、草木、山水等自然景象，彩绘在室内墙面、顶棚等处的涂饰方法。美术涂饰包括油漆美术涂饰和水性涂料美术粉饰两大类。油漆美术涂饰有套色油漆、滚花涂饰、仿木纹涂饰、仿石纹涂饰、涂饰鸡皮皱五种。水性涂料美术粉饰有套色漏花墙、滚花粉饰、色墙喷点退色线三种。美术粉饰分为中、高两级，它是在普通油漆工程完成的基础上进行美术涂饰。

1. 油漆美术涂饰

施工材料：清油、腻子、立德粉、双飞粉、颜料、汽油、松节油、水胶、调合漆、瓷漆和清漆。

常用器具：空压机、喷枪、胶皮板、麻斯刀、砂纸、粉线、画笔、旧布、配色板、漏花板、油漆桶、油漆刷、平板刷、油滚和钢梳。

（1）套色漏花涂饰

套色漏花涂饰，俗称假壁纸，它是在墙面涂饰完涂料或油漆工程的基础上，用定制的漏花板，按美术图案，有规律的将油漆刷（喷）在墙面上的一种施工工艺。可用于会议室、宾馆、影剧院以及高级住宅等抹灰墙面上。

1）工艺流程：弹线→基层处理→刮腻子→刷底漆→打磨→弹分格线→调和漆→漏花施工。

2）施工工艺要点如下：

A. 操作时，漏花板必须注意找好垂直，每一套色为一个版面，每个版面四角均有标准孔（俗称规矩），必须对准，不应有移位，更不得将板翻用。

B. 漏花的配色，应以墙面的油漆的颜色为基色，每一版的颜色深浅适度，才能使组成的图案色调协调、柔和，并呈现立体感和真实感。

C. 宜按喷印方法进行，并按分色顺序喷印。套色漏花时，第一遍油漆干透后，再涂第二遍色油漆，以防混色。各套色的花纹要组织严密，不得有漏喷（刷）和漏底子的现象。

D. 配料的稠度要适当，稀了易流坠污染墙面；干则易堵塞喷油嘴而影响质量。

E. 漏花板每用3～5次，应用干燥而洁净的布抹去背面和正面的油漆，以防污染墙面。

（2）油漆滚花涂饰

这种工艺是将刻有设计花纹图案的橡胶或软塑料辊筒，蘸油漆在一般油漆工程已完成的面层油漆上滚涂，形成装饰性油漆花纹面层的一种施工工艺。

涂饰前，根据设计图案要求将颜色油漆滚涂在刷白漆的木版或涂饰在玻璃上，干燥结膜后，观察是否理想。

1）工艺流程：弹线→基层处理→刮腻子→刷底漆→打磨→弹分格线→调和漆→滚花施工。

2）施工要点如下：

A. 按设计要求的花纹图案，在橡胶或软塑料的滚筒上刻制成模子。

B. 操作时，应在面层油漆表面弹出垂直粉线，然后延粉线自上而下进行。滚筒的轴必须垂直与粉线，不得歪斜。

C. 花纹图案应均匀一致，颜色调和符合设计要求，不显接槎。

D. 滚花完成后周边应划色线或做花边方格线。

(3) 油漆仿木纹涂饰

仿木纹亦称木丝，用仿制黄菠萝、水曲柳、榆木、核桃楸等几种硬制木材的花纹，通过一定的艺术手法，将油漆涂到室内墙面上，使花纹如同镶木墙裙一样，这种美术涂饰被称为仿木纹涂饰。仿木纹涂饰多用于宾馆或影剧院的走廊、休息厅，也有用在高级饭店及住宅工程上。

1) 工艺流程：基层处理→弹线→刮腻子→底油→砂纸打磨→满刮腻子→砂纸打磨→刷调和漆→分格线→做木纹→刷面层油→涂清漆。

2) 施工要点如下：

A. 先涂一边涂料，根据室内墙面高度确定仿木纹墙裙的高度，一般仿木纹墙裙的高度 1.2m，为室内净高的 1/3 左右，但不高于 1.30m，不低于 0.80m。

B. 应根据某一材质特性，摹仿纹理木纹完成后，表面应涂饰罩面清漆。

C. 在木纹分格过程中要求横、竖木纹板的尺寸比例和谐，竖木纹约为横木纹的 4～5 倍。

D. 一般底子的颜色，应于木纹色对比而定，以接近木质本色的浅黄色、米色为宜，尽量使底子油漆的颜色与木纹的本色相似。

E. 为突出木纹质感，面层油漆的颜色应与底子油漆深，应选用结膜较慢的清漆，以满足工作黏度的要求。而不宜掺快干油。

F. 为区别起见，第二遍腻子可加少量石黄，比第一遍腻子略稀点。使之和第一遍腻子颜色有区别，并可防止漏刷。

G. 做木纹，用干刷轻扫：用不等距锯齿橡皮板在面层涂料上做曲线木纹，然后用钢梳或软干毛刷轻轻扫出木纹的棕眼，形成木纹。

H. 划分格线：待面层木纹干燥后，划分格线。

I. 刷罩面清漆：待所做木纹、干燥线干透后，表面涂刷清漆一道。清漆面罩，要求刷匀、刷到、不得起皱皮。

(4) 油漆仿石纹涂饰

仿石纹亦称假大理石或油漆石纹。把经温水浸泡后拧去水分，用手甩开使之松散的丝绵理成如大理石的各种文理状，用小钉挂在墙面上，然后连续喷涂或刷涂油漆，形成大理石图案，这种工艺被称为仿石纹涂饰。用于影剧院大厅、会议室、大型百货商店、饭店、宾馆、俱乐部等抹灰墙面墙裙涂饰。也可用于室内、门厅的柱子上，石文种类很多，以大理石纹为主，如汉白玉、浅黄、浅绿、紫红、黑色大理石等，也可做成花岗石的石纹。

油漆仿石纹涂饰按施工方法分有喷涂和刷涂两种：喷涂大理石纹，可用干燥快的磁漆、喷漆；刷涂大理石纹，可用伸展性好的调和漆。按图案外观分有仿各色大理石和仿粗纹大理石。

仿各色大理石油漆的颜色一般以底层油漆的颜色为基底，再喷涂深、浅二色。喷涂的顺序是浅色、深色、白色，共三色。常用的颜色为浅黄、深绿两种，也有用黑色、咖啡色和翠绿色等。喷完后即将丝绵揭去。墙面上即显出大理石纹。可做成浅绿色底墨绿色花纹的大理石，亦可做成浅棕色底深棕色花纹和浅灰色底墨色花纹大理石等。待所喷的油漆干燥后，再涂饰一遍清漆。

1) 工艺流程：清理基层→涂刷底油(清油再加少量松节

油)→刮腻子→砂纸磨光→刮腻子→砂纸磨光→涂饰二遍调合漆→喷涂三遍色→划色线→涂饰清漆。

2) 施工要点如下：

A. 应在第一遍涂料表面上进行。

B. 待底层所涂清油干燥后，刮两遍腻子，磨两遍砂纸，拭掉浮粉，再涂饰两遍调合漆，才用的颜色以浅黄或灰绿色为好。

C. 调合漆干透后，将用温水浸泡的丝绵拧去水分，再甩干，使之松散，以小钉子挂在油漆好的墙面上，用手整理丝绵成斜纹状，如石文一般，连续喷涂三遍色，喷涂的顺序是浅色、深色而后喷白色。

D. 油色挂丝完成后，需停 10～20min 即可取下丝绵，待喷涂的石纹干后再行划线，等线干后再刷一遍清漆。

E. 粗纹大理石，在底层涂好白色油漆的面上，再涂饰一编浅灰色油漆，不等干燥就在上面刷上黑色的粗条纹，条纹要曲折不得端直。在油漆将干而未干时，用干净刷子把条纹的边线刷混，刷到隐约可见，使两种颜色充分混合，干后再刷一遍清漆，即成粗纹大理石纹。

(5) 油漆面层鸡皮皱

鸡皮皱是一种高级油漆涂饰工程，它的皱纹美丽、疙瘩均匀，可做成各种颜色，具有隔声、协调光的特点(有光但不反射)，给人以舒适感。适用于公共建筑及民用建筑的室内装饰，如休息室、会客室和其他高级建筑物的抹灰墙面上，也有涂饰在顶棚上的。

1) 工艺流程：基层处理→刷清油(涂底油)→满刮腻子→砂纸打磨→刮腻子→砂纸打磨→涂调和漆→做鸡皮→纹涂→涂面层油漆。

2）施工要点如下：

A. 按施工程序先涂好底层清油、腻子及调和漆，鸡皮面漆调和比例（质量比）常用：清油∶大白粉∶双飞粉（麻斯面）∶松节油＝15∶26∶54∶5。

B. 涂饰面层的厚度比一般涂饰的油漆厚，在1.0～1.5mm之间。须同时进行涂饰鸡皮皱油漆和拍打鸡皮皱纹，1人涂饰，后面1人随着拍打。拍打时刷子应平行墙面。距离20cm左右，刷子一定要放平，一起一落，拍击时成稠密而撒布均匀的疙瘩，犹如鸡皮皱纹一样。干后刷一遍清漆即做成。

2. 水性涂料美术粉饰

施工材料：108胶、聚乙烯醇缩甲醛内墙涂料、硅酸钾无机涂料、硅溶液无机材料等均可。

施工机具：空压机、喷枪、腻子刮板、砂纸、粉线、画笔、旧布、配色板、漏花板、涂料桶、涂料刷和辊子。

（1）套色漏花墙施工

套色漏花墙又称假壁纸。与油漆美术涂饰中的套色花饰的效果相同，常用于影剧院、宾馆、高级饭店的会议室、俱乐部、客房和住宅的卧室及会客室等。

1）施工工艺流程：基层处理→刷底漆→刮腻子→砂纸打磨→弹线→刷色浆→漏花→划线。

2）施工工艺要点如下：

A. 基层处理好后在准备漏花前，先仔细检查漏花的各色图案版是否完好，如有损伤应进行修补，才可施工。

B. 图案花纹的颜色须试配做样，使之哦深浅适度、协调柔和、具有立体感。按比例严格配料，稠度适宜，过干易堵喷嘴，过稀则易流淌，污染墙面。

C. 漏花时，必须为板打好垂直，多套色的漏花板须对准，各套色的花纹要组织严密，不得有漏喷(刷)和漏底子的现象。

D. 宜按喷印方法进行，并按分色顺序喷印。具体施工时以两人为一组，一人按漏花板，另一人进行刷喷浆。操作顺序是先从墙角开始，自上而下、自左向右进行，直到一遍刷喷完，第一遍涂料稍干后，再涂第二遍涂料，刷喷第二遍时，要注意按第一遍已刷喷的图形为基准，漏花板一定要对准标准眼，才能保证质量。复杂的漏花多达刷喷七八次之多，每次方法同前，一定要每次都认真、细心的去施工，以防辊色。

E. 漏花板每用 3～5 次，应用干燥而洁净的布抹去背面和正面的油漆，以防污染墙面。

(2) 滚花粉饰施工

滚花粉饰是用麻袋片、毛巾粗布蘸配好的色浆在墙上滚成石头花纹状的一种传统装饰方法。

1) 工艺流程：基层处理→刮腻子→砂纸打磨→刷色浆→滚花→划线。

2) 施工要点如下：

A. 在面层油漆表面弹出垂直粉线，然后延粉线自上而下进行。

B. 图案花纹的颜色须试配做样，使之深浅适度、协调柔和。

C. 操作顺序是先从墙角开始，先边角后大面，自上而下，自左向右进行滚花，滚花速度及图案均匀。

D. 滚花完成后，周边应划色线或做边花、方格线。线条应横平竖直，接口吻合。

（3）色墙喷点退色线施工

喷色点是用刷子蘸色浆甩上墙面，均匀的散步多色斑点，犹如绒布。用于住宅的卧室及宾馆、饭店、影剧院等室内粉饰。

顶棚与墙面的粉饰（或油漆）颜色不一样，其分界线宜用粉色或油色划出退色线条，颜色由淡到浓，有虚有实，具有立体感。

1）工艺流程：基层处理→刷底漆→弹线→刮腻子→喷色浆→喷点→划线。

2）施工要点如下：

A. 喷点用的浆，常分为 3 色，并须喷 3 遍。

B. 浆中掺适量的豆浆或啤酒，或适量的胶水，且须掺适量的双飞粉（麻斯面）。

C. 以划深色线开始，再依次划浅色线，直至最浅。第二道线应压第一道线 1～2mm，不得露底。

3. 质量要求

（1）美术油漆涂料的图案、颜色和所用材料的品种必须符合设计和选定样品的要求。

（2）底层油漆涂料的质量必须符合等级的有关规定。

（3）美术油漆涂料工程质量必须符合基本项目评定的要求。

（五）特种涂料施工工艺

1. 防火涂料施涂工艺

防火涂料又称阻燃涂料，它即有装饰性又具有防止火灾和减缓火灾蔓延的作用。

(1) 操作工艺顺序

基层处理→嵌批腻子→打磨→施涂第一遍防火涂料→打磨→施涂第二遍防火涂料打磨 →施涂第三遍防火涂料。

(2) 操作工艺要点

1) 混凝土或砂浆基层要求坚固，密实，干燥平整，表面如有浮砂或高低不平之处应铲除干净，如有污物和灰砂必须清理干净。对于木基层表面的油污迹，要用汽油清除干净，如沾染了沥青污迹，还要用虫胶清漆施涂污迹部位。

2) 嵌批腻子：先用石膏腻子嵌大洞或缝隙然后满批腻子。

3) 打磨：待腻子干后用砂纸打磨平整，并消除浮灰。

4) 施涂第一遍防火涂料：施涂时要均匀，不可漏刷，也不可出现流坠。

5) 打磨：待第一遍防火涂料干后，用(1½)号旧砂纸打磨至光滑，然后将浮灰打扫干净。

6) 施涂第二遍防火涂料：方法同第一遍。

7) 打磨：打磨至光滑，打磨完毕用抹布将表面的粉尘擦干净。

8) 施涂第三遍防火涂料：方法同第一遍。

(3) 应注意的质量问题

1) 施涂时要均匀，不能有漏刷，否则会影响防火效果。

2) 防火涂料施涂后应有装饰效果，要做到大面光亮、光滑。

3) 大面颜色均匀，刷纹通顺。

2. 过氯乙烯防腐涂料施涂工艺

过氯乙烯有优良的防腐蚀性能，在金属表面施喷以喷涂主，也可采用刷涂，在抹灰面上一般为刷涂。现将抹灰面上施工工艺介绍如下：

(1) 操作工艺顺序

抹灰面清理→施涂底漆一至二遍→嵌批腻子→打磨→施涂过氯乙烯磁漆脂抹粉二遍及打磨→施涂过氯乙烯清漆二遍及打磨。

(2) 操作工艺要点

1) 抹灰面清理：清除抹灰面上的污物，如有油污可用溶剂清洗，并保持抹灰面干燥。

2) 施涂底漆：在已清理干净的墙面上，先施涂过氯乙烯底漆1～2遍，操作方法与施涂铅油相同。由于过氯乙烯底漆干燥特别快，所以施涂时只能一上一下刷两下，不能多刷，更不能横刷乱涂，以免吊起底层。接头处允许重叠施涂，但不能太明显。

3) 嵌批腻子：所用腻子有工厂生产的成品腻子和自制的腻子两种。成品腻子为G07—3各色过氯乙烯腻子，具有干燥快，易打磨等特点。自制腻子一般用过氯乙烯底漆与磺粉拌和而成。腻子在使用前必须搅拌均匀。由于过氯乙烯漆施涂遍数较多，一般不需满遍腻子。

过氯乙烯腻子可塑性差，干燥快，嵌批时操作要快，要随嵌，随刮平，不能多刮，否则会从底层翻起。

4) 打磨：用1号砂纸打磨，打磨后应除净表面的灰尘，以利下道工序的进行，打磨的方法与一般涂料相同。

5) 施涂过氯乙烯磁漆二遍及打磨：施涂方法同底漆，但因底漆容易被磁漆吊起，在操作时以轻刷快理为宜。磁漆一般需施涂两遍，每遍之间都要进行打磨。若达不到质量要求可再增加一遍磁漆。

6）施涂过氯乙烯清漆两遍及打磨：清漆的操作方法与磁漆一样，一般施涂两遍如达不到质量要求时可施涂四遍（每遍之间均需用砂纸打磨）。

3. 防霉涂料施涂工艺

乳液型防霉涂料因其有较好的防霉性和装饰效果，在施工中应用较广泛，其施工工艺如下：

（1）操作工艺顺序

基层清理→杀菌→施涂封底涂料→嵌批腻子及打磨→施涂防霉涂料。

（2）操作工艺要点

1）基层清理：要求基层表面平整，无疏松，起壳，霉变，如有霉变现象必须用铲刀清除净，并用肥皂水擦干净，然后再用清水清洗干净，保持基层表面干燥。

2）杀菌：采用7%～10%磷酸三钠水溶液，用排笔涂刷1～2遍（新墙面可不必进行杀菌处理，但湿热气候地区除外）。杀菌必须彻底，细致，以免留下霉菌隐患。

3）施涂封底涂料：封底涂料可以用羊毛排笔涂刷也可用滚筒滚涂，采用封底涂料的目的是为了封住霉变部位的霉斑，防止防霉涂料迅速被基层吸收。在涂刷（或滚涂）过程要求封底涂料要全部施涂均匀，不得漏刷（漏滚）。

4）嵌批腻子及打磨：腻子的材料是用防霉乳液加双飞粉或水泥调成的防霉腻子，这种腻子具有防霉、干燥快、附着力强等特点。待2～3h后，即可打磨平整。

5）施涂防霉涂料：可用排笔或滚筒来施涂，先从上而下，以两人操作为宜，一般施涂二至三遍。施工温度要求5℃以上，当第一遍于燥后方可施涂第二遍。一般间隔时间为半天至一天。

（六）新型涂料施工工艺

1. 真石漆施涂工艺

随着人们对内外墙涂料装饰性要求的提高，天然真石漆以其独特的外观及性能越来越受到大家的喜爱，不少高档住宅、庭院甚至高楼大厦都采用涂饰与天然花岗岩、大理石等天然石材外观十分相近的真石漆，天然真石漆主要由高分子聚合物、天然彩石砂及相关助剂制成，在性能方面具有较强的硬度、防水、耐老化且修补容易等。天然真石漆喷涂工艺施工方法如下：

（1）施工准备

天然真石漆、抗碱性封闭底油、耐候防水保护面油。

工具：

1）空气压缩机：功率5匹以上，气量充足，至少带三根气管，能满足三人以上同时施工。

2）下壶喷枪：容量500ml，口径1.3mm以上，容量不能太大，否则太重，操作不便，口径小则施工速度慢，可能延缓工期，不宜大面积施工。

3）真石漆喷枪：分单枪、双枪、三枪等，根据不同的花色选择单色用单枪，双色、多色用双枪、三枪，以便适应不同施工工艺，喷出更理想的效果。

4）各种口径喷嘴：4、5、6、8mm等，根据样板的要求选择不同的喷嘴，口径越小则喷涂效果越平整均匀，口径大则花点越大，凸凹感越强。

（2）工艺流程

清理基层→基底自然干燥→喷底油两遍→喷真石漆2～

3mm→喷面油两遍。

（3）操作要点

1）基层处理　同一般饰面的基层处理要求。

2）喷涂底油　选用下壶喷枪，压力 4～7kg/cm²，施工时温度不能低于 10℃，喷涂两遍，间隔 2h，厚度约 30μm，常温干燥 12h。

3）喷涂真石漆　选用真石漆喷枪，空气压力控制在 4～7kg/cm²，施工温度 10℃以上，厚度约 2～3mm，如需涂抹两道、三道，则间隔 2h，干燥 24h 后方可打磨。

4）打磨：采用 400～600 目砂纸，轻轻抹平真石漆表面凸起的砂粒即可。注意用力不可太猛，否则会破坏漆膜，引起底部松动，严重时会造成附着力不良，真石漆脱落。

5）喷涂面油：选用下壶喷枪，压力 4～7kg/cm²，施工不低于 10℃，喷涂两遍，间隔 2h，厚度约 30μm，完全干燥需 7d。

6）不同施工对象操作要点

A. 砖形真石漆：先按要求设计好砖形尺寸，然后在已涂好底油的墙面用木框架做好砖形模型，再喷上真石漆，在真石漆表面未干前取下木框即可。

B. 垂直面喷涂：采用划圈法，距离 30～40cm，以半径约 15cm 横向划圈喷涂，并不时上下抖动喷枪，这样喷涂速度快而均匀，且易控制，如果采用一排一排的主式重叠喷涂，速度慢，上下交接处难控制均匀，将影响外观，造成表面缺陷。

C. 罗马圆柱喷涂：因其是圆柱形，所以采用“M”线形喷涂，距离略远约 40cm，喷枪要垂直柱面喷涂，自上而下，喷好一面再转向另一面，转向角度约 60°为宜。

D. 方形柱喷涂：方形柱棱角分明，很容易因喷涂不匀而使棱角模糊，为了喷涂方便，以约 50cm 的距离喷涂棱角，远距离喷涂雾花散得开，面积大而均匀，如果距离太近，稍不注意就会喷厚，喷不均匀，使棱角线条显现不出来，失去了原有建筑的整体外观美感。

E. 圆柱形小葫芦喷涂：现代建筑采用圆柱形小葫芦做栏杆装饰，大都要求喷上真石漆，因其小巧玲珑，极具装饰性，对它们的喷涂工艺也更为细致。做栏杆装饰的葫芦柱，距离太近，有些地方根本无法正面喷涂，所以按一般常规喷法是无法达到理想效果的。喷涂选用小喷嘴，距离约 40cm，快速散喷真石漆，自上而下一面一面来喷，不能正面喷涂的，用抖动喷枪的方法，令其周围尽量喷上真石漆，然后用毛刷刷平真石漆，没有喷到的地方也可以用毛刷略微抹上一层，再用喷枪散喷一遍，薄厚要均匀，盖住刷痕即可，薄了不能起到很好的保护效果，厚了则遮盖住了原有的线条美感，并能出现表面裂缝现象。

(4) 注意事项

适用于混凝土或水泥内外墙、砖墙体及石棉水泥板、木板、石膏板、聚氨酯泡沫板等底材。施工底材表面基层应平整、干净，并具有较好的强度，新墙体应自然干燥一个月，方可施工，旧墙翻新，要将基层处理好，除去松脱，剥落表层及粉尘油垢杂质后方可施工。

1) 阴阳角裂缝：真石漆喷涂过程中，有时会在阴阳角处出现裂缝，因阴阳角是两个面交叉，如果喷上真石漆，在干燥过程中会有两个不同方向的张力同时作用于阴阳角处的涂膜，易裂缝。现场解决办法：发现裂缝的阴阳角，用喷枪再一次薄薄的覆喷，隔半小时再喷一遍，直至盖住裂缝；对于新喷涂的阴阳角，则在喷涂时特别注意不能一次喷厚，采取薄喷多层法，即表面干燥后重喷，喷枪距离要远，运动速度要快，且不能垂直阴阳角喷，只能采取散射，即喷涂两个面，让雾花的边缘扫入阴阳角。

2）平面出现裂缝：主要原因可能是因为天气温差大，突然变冷，致使内外层干燥速度不同，表干里不干而形成裂缝，现场解决方法是改用小嘴喷枪，薄喷多层，尽量控制每层的干燥速度，喷涂距离以略远为好。

3）成膜过程中出现裂缝：在喷涂时，覆盖不够均匀或者太厚，在涂层表面成膜后出现裂缝，甚至若干星期后出现裂缝，这种情况就要具体分析，除了施工时注意喷涂方法外，必要时应改变配方，重新试制。

2. 外墙高级喷磁型涂料施涂工艺

喷塑建筑涂料是以丙烯酸酯乳液和无机高分子材料为主要成膜物质的有骨料的新型建筑涂料，也称“浮雕涂料”、“华丽喷砖”、“波昂喷砖”。它以水为稀释剂，无毒、无味，不污染环境，不燃、不爆，可用于内外墙面和顶棚的装修，可形成不同质感的饰面。如米粒喷塑：表面不出浆，满布细米粒状颗粒；压花喷塑：表面灰浆饱满，经滚压后形成主体花纹图案；大花喷塑：喷点以不出浆为原则，出圆点，满布粗碎颗粒，喷点大小、疏密均匀。

（1）施工准备

1）材料　底釉，乙烯-丙烯酸共聚乳液，喷塑骨架涂料，面釉。

2）工具　空气压缩机，工作压力0.5～0.6MPa，排气量0.6m^3/min；耐压风管，1.8MPa；喷枪采用2、4、8mm口径的喷头；电动骨料搅拌器、薄钢板抹子、油刷、油辊等。

3）作业条件　基层处理合乎要求，pH 值在 7～10 之间，含水率小于 10%，环境温度 5℃以上，相对湿度不超过 85%，风速应小于 5m/s。最佳施工条件为气温 27℃，相对湿度 50%，无风。

（2）工艺流程

喷刷底釉（底胶水）→喷点料（骨架）→喷点→喷涂面釉。

（3）操作要点

1）喷（刷）底釉　用油刷或 1 号喷枪将底釉涂布于基层上。

2）喷点料　将喷点料密封在塑料袋中，塑料袋又装在密封的白铁桶内，并注水保养。调制时按配比称用桶内保养水并加入喷点料搅拌成糊状，即可使用。黏度、压力调整合适后，按样板施工，一人持喷枪喷，一人负责搅拌骨料成糊状，一人专门添料。喷涂时可通过调节压力和喷枪口径大小及喷涂的厚度，来获得不同的图案。

3）压花　点料上墙 5～10min 后，由一人用蘸松节油的塑料辊在喷点面上轻轻均匀用力地碾压，始终朝上下方向滚动，使滚压后的饰面呈现具立体感的图案。

4）面釉喷涂　面釉色彩按设计要求一次性配足，以保证整个饰面的色泽均匀。在喷点料 12～24h 后，可用一号喷枪（压力调至 0.3～0.5MPa）喷第一道水性面釉。第二道用油性面釉。

5）分格缝上色　基层原有的分格条喷涂后即行揭去，分格缝可根据设计要求的颜色重新描涂。

（4）注意事项

1）基层处理时所用腻子可用有光乳胶漆加适量的粉料调成，切不能用大白粉、纤维素等强度低的原料做腻子，否则因表面强度低，涂膜会出现起皮、脱落等现象。

2）风力较大或雨天要停止施工。

3）每个工作面须连续喷塑，接槎留在阴角，以免露接槎痕迹。

4）面釉需一次配足，以保证整个装饰面的色泽均匀，深浅一致。第一道面釉干后再喷第二道，常温下两道施涂的时间不应少于4h。

3. 各色丙稀酸有光凹凸乳胶漆厚薄施涂工艺

各色丙烯酸有光凹凸乳胶漆是以有机高分子材料—苯乙烯、丙烯酸酯乳液为主要成膜物质，加上不同的颜料、填料和骨料而制成的薄涂料和厚涂料。它由两部分组成，一是丙烯酸凹凸乳胶底漆，它是厚涂料；二是各色丙烯酸有光乳胶漆，它是薄涂料。丙烯酸凹凸乳胶底漆通过喷涂，再经过抹、轧后可得到各种各样的凹凸形状，再喷上1～2道各色有光乳胶漆；也可以先在底层上喷一道各色丙烯酸有光乳胶漆，待其干后再喷涂丙烯酸凹凸乳胶底漆，经过抹、轧显出图案，待干后罩上一层苯丙乳液。

（1）施工准备

1）材料　丙烯酸乳液，为奶白色黏稠状；凹凸乳胶底漆，为本白色无光稠厚糊状；各色丙烯酸有光乳胶漆，是由苯丙烯乳液加上颜料、填料和各种助剂，经过高度分散而成的一种水性涂料。需要某种颜色时再用色浆调配。

2）工具　空气压缩机，喷枪，2、4、8mm口径的喷头，抹子等。

3）作业条件　基层一般要求为水泥砂浆或混合砂浆、混凝土预制板、水泥石棉板等，处理合乎要求。含水率10%以下，pH值在7～10之间。这可由墙面粉刷后龄期来掌握，新的水泥砂浆墙面，夏季置3～7d；新的混凝土墙面，冬季则需置10～15d，夏季需置7d。

（2）操作工艺

1）喷涂凹凸乳胶底漆　采用6～8mm喷头，喷涂压力0.4～0.8MPa。喷涂后停4～5min（温度25±1℃，相对湿度65%±5%的条件下）由一人用蘸水的铁抹子在喷涂表面轻轻抹压，并始终沿上下方向进行，使饰面呈现立体图案。

2）面层喷涂各色丙烯酸有光乳胶漆　在喷完凹凸乳胶底漆后，间隔8h，用1号喷枪喷涂，压力为0.3～0.5MPa。一般喷涂二道为宜，待第一道漆膜干后再喷第二道。

3）分格缝处理　基层原有分格条时，揭下后，再根据设计重新描涂。

（3）注意事项

1）涂料应放在干燥通风的库房内，贮存温度应在0℃以上。若漆冻结，可在暖和处缓缓恢复。

2）使用前要充分搅拌均匀，喷涂黏度可根据气温和施工要求适当加水稀释予以调整，勿与有机溶剂相混。

3）施工时基层温度应在5℃以上。

4）要待头道漆膜干后，才能再喷刷第二道涂料。

5）喷涂凹凸乳胶底漆时，可根据其稠度适当调节喷涂压力。先喷样板，根据效果确定图案和喷涂工艺。

6）大风或下雨时，不宜施工。

（七）裱糊施工工艺

裱糊是将工厂成批预制的卷材——壁纸、锦缎等，粘贴于室内的墙面、顶棚、梁柱等部位，以达到预期的装饰效果。裱糊饰面由于色彩丰富，图案变化多样，美观耐用，施工方便而得到广泛的应用。

裱糊施工工艺

(1) 基层处理

凡是具有一定强度，表面平整光洁、不疏松掉粉的干净基体都可作为裱糊壁纸的基层。

1) 混凝土及抹灰基层处理　满刮腻子一遍并用砂纸磨平，若有气孔、麻点、凸凹不平时，应增加满刮腻子和砂纸磨的次数。刮腻子前，须将混凝土或抹灰面清扫干净，刮腻子时要用刮板有规律地操作，一板接一板，两板中间再顺一板，要衔接严密，不得有明显的接槎与凸痕。

2) 木质、石膏板基层　木质基层要求接缝不显接槎，不外露钉头。接缝、钉眼须用腻子补平并满刮腻子一遍，用砂纸磨平。如果吊顶使用胶合板，板材不宜太薄，特别是面积较大的厅、堂，吊顶板厚宜在 5mm 以上，以保证刚度和平整度，有利于裱糊质量。在纸面石膏板上裱糊塑料壁纸，在板墙拼接处应用专用石膏腻子及穿孔纸带进行嵌封。

3) 旧墙基层处理　对凹凸不平的墙面要修补平整，清除旧有的浮土油污、砂浆粗粒等，对修补过的接缝、麻点等，应用腻子分 1～2 次刮平，再根据墙面平整光滑的程度决定是否再满刮腻子。

4) 不同基层交接部的处理　如石膏板和木基层相接处，应用穿孔纸带粘糊，以防止裱糊后的壁纸面层被拉裂撕开。

经处理合格的基层应刷一层胶，其作用为防止墙身吸水太快，使胶粘剂脱水而影响壁纸粘贴。还可克服由于基层吸水速度不一致而造成表面干湿不均的现象。刷胶所用的材料，应根据装饰部位及等级和环境而择定。在相对湿度比较大的南方，做室内高级装饰比较理想的材料是酚醛清漆和光油，不仅可用裱糊，还可起到阻止基底返潮的作用。北方较干燥，可用1∶1的108胶水涂刷于基层。刷胶或刷底油要满涂墙面，按顺序涂抹均匀，不宜过厚，以免流淌。

（2）裱糊工序

下表列出了不同基层裱糊不同材料壁纸时，所应进行的工序。

裱糊的主要工序

项次	工序名称	抹灰、混凝土面			石膏板面			木质基层		
		普通壁纸	塑料壁纸	玻纤墙布	普通壁纸	塑料壁纸	玻纤墙布	普通壁纸	塑料壁纸	玻纤墙布
1	清扫基层，填补缝隙磨砂纸	+	+	+	+	+	+	+	+	+
2	接缝处糊条				+	+	+	+	+	+
3	找补腻子、磨砂纸				+	+	+	+	+	+
4	满刮腻子、磨平	+	+	+						
5	刷胶刷底油	+	+	+						
6	壁纸润湿	+	+		+	+		+	+	
7	基层涂刷胶粘剂	+	+	+	+	+	+	+	+	+
8	壁纸涂刷胶粘剂		+			+			+	
9	裱糊	+	+	+	+	+	+	+	+	+
10	擦净挤出胶水	+	+	+	+	+	+	+	+	+
11	清理修整	+	+	+	+	+	+	+	+	+

注：表中“+”号表示应进行的工序。

（3）操作方法

1）塑料壁纸的裱糊操作方法　裱糊前，先将突出基层表面的设备或附件卸下；钉帽应钉入基层表面并涂防锈漆，钉眼用腻子填平。施工中及裱糊后壁纸未干前，应封闭房间，以防穿堂风和气温突变，损坏壁纸。冬期施工时应在采暖条件下进行。

A. 弹线：底油干后即可弹线，目的是保证壁纸边线水平或垂直及裁纸的尺寸准确。一般在墙转角处，门窗洞口处均应弹线，便于折角贴边。如果从墙角开始裱糊，应在距墙角比壁纸宽度窄 10～20mm 处弹垂直线；在壁炉烟囱、胸墙或类似地方，应定在中央。在非满贴壁纸墙面的上下边，在拟定贴到部位应弹水平线，如图 5-2 所示。

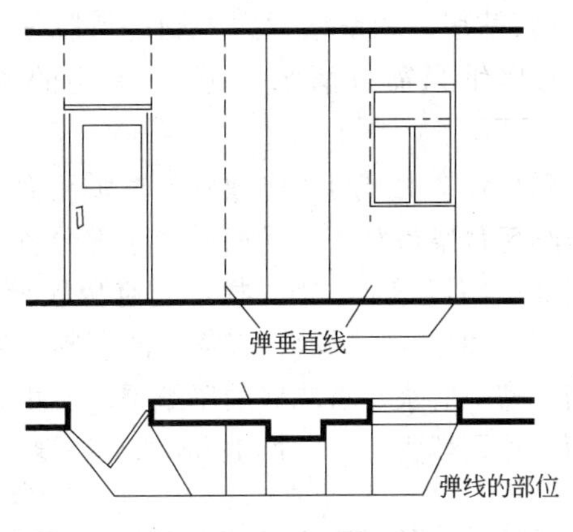

图 5-2　墙面弹线位置示意图

B. 壁纸的裁割及闷水

(*a*) 在掌握房间基本尺寸的基础上，按房间大小及壁纸门幅决定拼缝部位、尺寸及条数。

(*b*) 按墙顶到墙脚的高度在壁纸上量好尺寸后，两端各留 50mm，以备修剪。

(*c*) 有图案花纹连贯衔接要求的壁纸，要考虑完工后的花纹图案效果及光泽特征，最好先裱糊一片，经仔细对比再裁第二片，以保证对接无误，在留足修剪余量的前提下，可一次裁完，顺序编号待用。

（*d*）裁割时要考虑壁纸的接缝方法，较薄的壁纸可采用搭接缝，搭接宽度 10mm。较厚的壁纸采用对接缝。无论哪种，都应使接缝不易被看到为佳。

（*e*）由于壁纸具有湿胀干缩的特性，为裱糊后保持平整，在上墙前先将壁纸在水槽中浸泡几分钟，或在壁纸背面刷清水一道，静置几分钟，使壁纸充分胀开，俗称闷水。闷水后再裱糊上墙的壁纸，即可随着水分的蒸发而收缩、绷紧。

C. 涂刷胶粘剂：在壁纸背面先刷一道胶粘剂，要求厚薄均匀（胶底壁纸只需刷清水一道）。涂刷的宽度比纸宽20～30mm。

刷胶一般在台案上进行，将裁好的壁纸正面向下铺设在案子上，一端与台案边对齐，平铺后多余部分垂下，然后分段刷胶，刷好后将其叠成“S”状，既避免胶液干得过快，又不污染壁纸，如图 5-3 所示。有背胶的塑料壁纸出售时会附一个水槽，槽中盛水，将裁好的壁纸浸泡其中，由底部开始，图案面向外，卷成一卷，过 1min 即可裱糊。

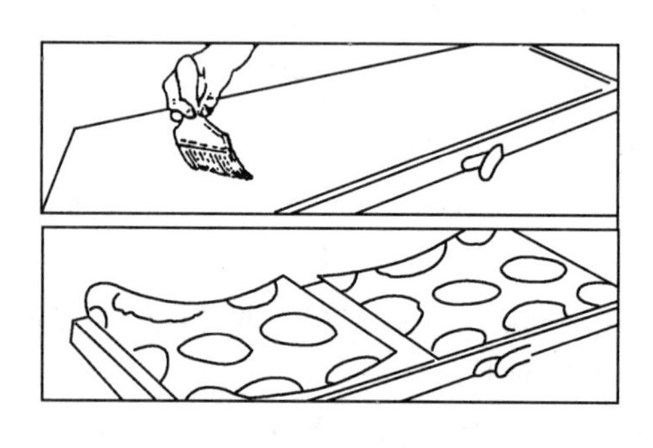

图 5-3　刷胶

D. 裱糊壁纸

(*a*) 裱糊时分幅顺序从垂直弹线起至阴角处收口，由上而下，先高后低，先立面后平面，先细部后大面。将刷过胶粘剂的壁纸，胶面对胶面，手握壁纸顶端两角凑近墙面，展开上半截的折叠部分，沿垂直弹线张贴于墙上，然后由中间向外用刷子将上半截敷平，再如法处理下部，有背胶的壁纸，可将水槽置于踢脚板处，把壁纸从槽中拉出，直接上墙，方法相同。

(*b*) 墙上一些特殊部位的处理：在转角处，壁纸应超过转角裱糊，超出长度一般为 50mm。不宜在转角处对缝，也不宜在转角处为使用整幅宽的壁纸而加大转角部位的张贴长度。如整幅壁纸仅超过转角部位在 100mm 之内可不必剪裁，否则，应裁至适当宽度后再裱糊。阳角要包实，阴角要贴平。对于不能拆下的凸出墙面的物体，可在壁纸上剪口。方法是将壁纸轻轻糊于墙面突出物件上，找到中心点，从中心往外剪，使壁纸舒平裱于墙上，然后用笔轻轻标出物件的轮廓位置，慢慢拉起多余的壁纸，剪去不需要的部分，四周不得留有空隙。如图 5-4 所示。

(*c*) 顶棚裱糊：第一张要贴近主窗，与墙壁平行。长度过短时(小于 2m)，则可跟窗户成直角粘贴。在裱糊第一段前，须先弹出一条直线。其方法为：在距吊顶面两端的主窗墙角 10mm 处用铅笔做两个记号，于其中一个记号处敲一枚钉子；在吊顶处弹出一道与主窗墙面平行的粉线，将已刷好胶并折叠好的壁纸用木柄撑起展开顶折部分，边缘靠近粉线，先敷平一段，再展开下一段，用排笔敷平，直至整张贴好为止。如图 5-5 所示。

(*d*) 斜式裱糊与水平式裱糊：斜式裱糊具有独特的装饰

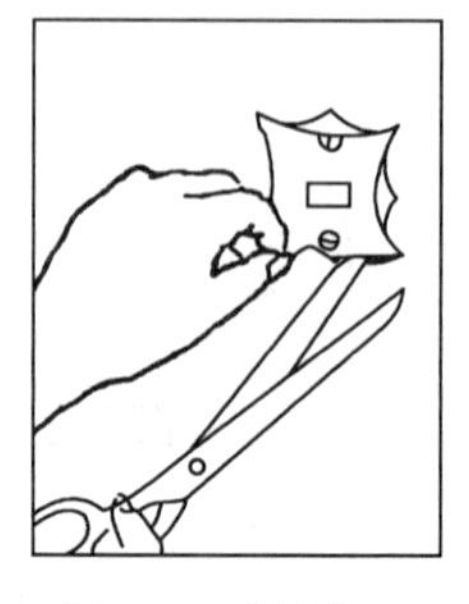

图 5-4　壁纸剪口

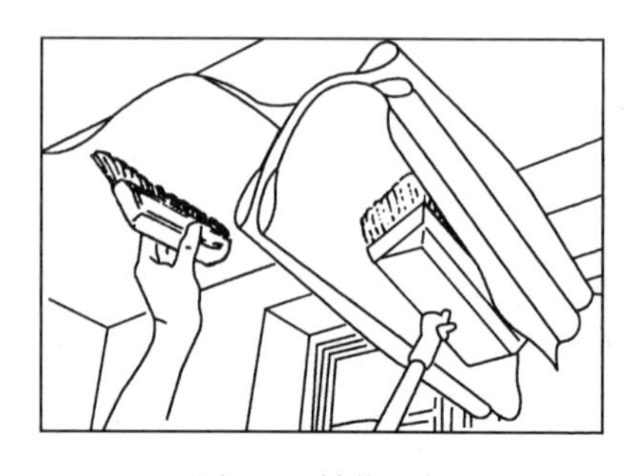

图 5-5　裱糊顶棚

效果，但比较费料，约需增加 25％的壁纸量。其方法为先弹出一条斜线，即在一面墙面的两个墙角间的中心墙顶处作一点，弹出垂直的粉笔灰线，由此线的底部沿墙底，测出与墙高相等的距离，定出一点，此点与墙顶中心连接，弹出斜线，此即为裱糊基准线，如图 5-6 所示。

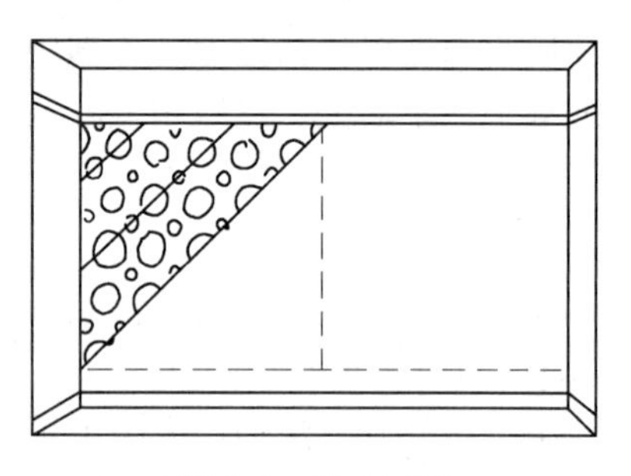

图 5-6　斜式裱糊

水平式裱糊则在离顶棚或壁角小于壁纸宽度 5mm 处，横过墙壁弹一条水平线，作为第一张壁纸的基准线，如图 5-7所示。裱糊方法同前。

E. 清理与修整：全部裱糊完后，要进行修整，割去底部和顶部的多余部分及搭缝处的多余部分。图 5-8 及图 5-9

为清理修剪示意图。

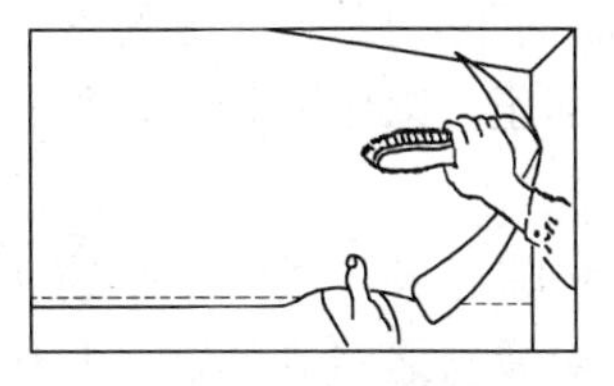

图 5-7　水平式裱糊

图 5-8　修齐下端

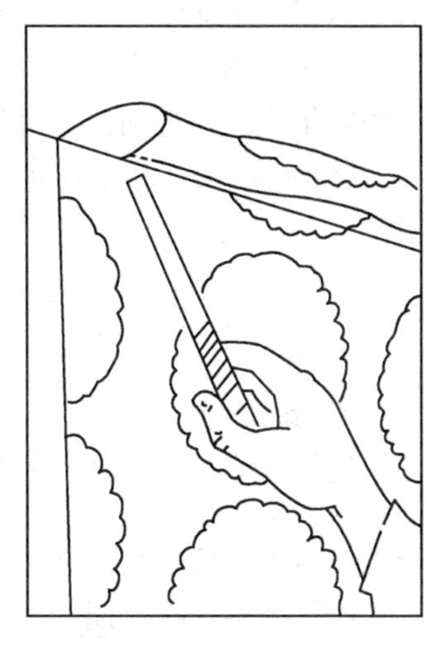

图 5-9　顶端修齐

2）锦缎的裱糊　锦缎裱糊的技术性和工艺性要求较高，施工者需耐心细致地进行操作。其工序为开幅、缩水上浆、衬底熨烫、裁边、裱糊及防虫处理。

A. 开幅：计算出每幅锦缎的长度，开幅时留出缩水的余量，一般幅宽方向为0.5%～1%，幅长方向为1%左右。

B. 缩水上浆：将开幅裁好的锦缎浸没清水中，浸泡5～10min后，取出晾至七八成干时，放到铺有绒面的工作台上，在锦缎背面上浆。浆糊的配比为面粉∶防虫涂料∶水＝5∶40∶20(重量比)，调成稀薄的浆液。上浆时将锦缎背面朝上平铺在台案上，并将两边压紧，用排笔或硬刮板蘸上浆液从中间开始向两边刷。

C. 衬底熨烫：

(*a*) 托纸：在另张平滑的台面上，平铺一张幅宽大于锦缎幅宽的宣纸，用水打湿，使其平贴桌面。把上好浆的锦缎，从桌面托起，将有浆液的一面向下，贴于打湿的宣纸上，并用塑料刮片，从中间向四边刮压，以粘贴均匀，待打湿的宣纸干后，即可从桌面取下。

(*b*) 褙细布：将细布也浸泡缩水晾至未干透时，平铺在案子上刮浆糊，待浆糊半干时，将锦缎与之对齐粘贴，并垫上牛皮纸用滚筒压实，也可垫上潮布用熨斗熨平待用。

这两种衬底方法可选用一种，也有不衬底，直接将上浆的锦缎熨平上墙的。

(*c*) 裁边：锦缎的幅边有宽约 4～5cm 的边条，无花纹图案，为了粘贴时对准花纹图案，在熨烫平伏后，将锦缎置于工作台上用钢直尺压住边，用锋利的裁纸刀将边条裁去。

(*d*) 裱糊：操作同一般壁纸，不予赘述。

(*e*) 涂防虫胶：裱糊后涂刷一遍防虫涂料。

裱糊锦缎的衬底细布，颜色应与锦缎色相近或稍浅为佳。锦缎花色的选择上要考虑到它的薄、透特点，而挑选那些遮盖性强的颜色和花色，以免漏底。

3) 金属膜壁纸裱糊　金属膜壁纸很薄，贴面时，基层面一定要平坦洁净，拿握要仔细，防止折伤。

A. 裱糊前浸水 1～2min 即可，抖去水，阴干 5～8min，在背面刷胶。

B. 刷胶：应采用专用金属膜壁纸粉胶，边刷边将刷过胶的部分向上卷在圆筒上，如图 5-10 所示。

C. 裱糊：先用干净布擦抹一下基层面，对不平处再次刮平，金属膜壁纸收缩量很少，对缝或搭缝均可。对有花纹拼缝要求的，裱糊时先从顶面开始，两人配合，一人对花拼缝，一人手托纸卷放展。其他操作与普通壁纸相同。

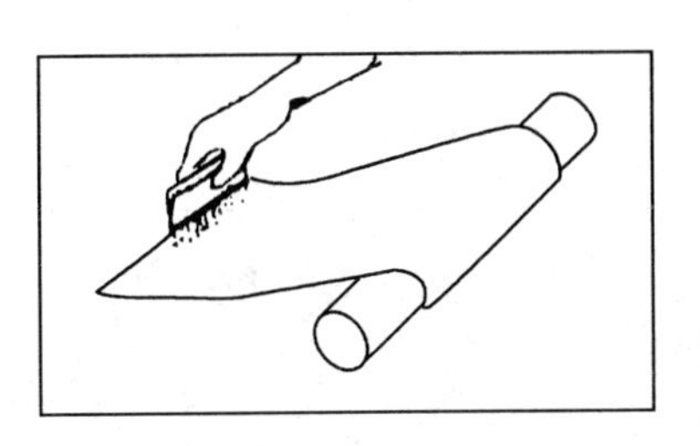

图 5-10　刷胶

4）玻璃纤维贴墙布及无纺贴墙布的裱糊

A. 因这两种贴墙布盖底力稍差，故对基层颜色要求较严，如基层色深，则应满刮掺白色涂料的腻子。基层局部颜色有差别时，须处理为一致色泽。

B. 刷胶：只需直接往基层上刷胶裱糊，胶贴剂应随用随配，以当天施工用量为限。

六、质 量 控 制

（一）油漆工程质量标准

项　目	内　　容
质量标准	1）混色油漆工程严禁脱皮、漏刷和反锈 2）清漆工程严禁漏刷、脱皮和出现斑迹 3）美术油漆的图案、颜色和所用材料的品种必须符合设计和选定样品的要求；底层油漆的质量必须符合相应等级的有关规定 4）木地板烫蜡、擦软蜡和大理石地面打蜡工程，蜡的品种、质量必须符合设计要求，严禁在施工过程中烫坏地板和损坏地面 5）油漆表面质量应符合施工规范的规定 6）打蜡地(楼)板表面应色泽一致、光滑明亮
检验及认可	1. 检验频率 1）室外：按油漆面积抽查10% 2）室内：按有代表性的自然间抽查10%。过道10延长米，礼堂、厂房等大间按两轴线为一间，不少于三间 2. 检验方法 观察、手摸或尺量检查 3. 认可程序 由承包人填报质量验收申请单，经监理工程师抽样检查，签署验收意见

（二）喷(刷)浆工程质量标准

项　目	内　　容
质量标准	1）一般刷浆(喷浆)严禁掉粉、起皮、漏刷和透底 2）美术刷浆的图案、花纹和颜色必须符合设计或选定样品的要求；底层的质量必须符合一般刷浆(喷浆)质量的规定 3）表面质量应符合施工规范中相应等级的规定 4）美术刷浆(喷浆)的表面质量 *A.* 图案的颜色鲜明，轮廓清晰，不得有漏涂、坠流、污染、混杂现象 *B.* 花点分布均匀，质感清晰，协调美观 *C.* 线条宽窄均匀，横平竖直，颜色一致；线条的搭接错位不大于 1mm
检验及认可	1. 检验频率 1）室外：以 4m 左右为一检查层，每 20m 长抽查一处(每处 3 延长米)。不少于三处 2）室内：按有代表性的自然间抽查 10%，过道按 10 延长米，礼堂、厂房等大间按两轴线为一间，不少于三间 2. 检验方法 观察与手摸检查 3. 认可程序 由承包人填报质量验收申请单，经监理工程师抽样检查，签署验收意见

1. 刷(喷)浆工程质量评定标准

刷(喷)浆工程质量评定基本项目标准

项目	等级	普　通	中　级	高　级
反碱咬色	合格	有少量，不超过五处	有轻微少量，不超过三处	明显处无
	优良	有少量，不超过三处	有轻微少量，不超过一处	无

续表

项目	等级	普　通	中　级	高　级
喷点刷纹	合格	2m正视无明显缺陷	2m正视喷点均匀，刷纹通顺	1.5m正视喷点均匀，刷纹通顺
	优良	2m正视喷点均匀，刷纹通顺	1.5m正视喷点均匀，刷纹通顺	1m正视喷点均匀，刷纹通顺
流坠、疙瘩、溅沫	合格	有少量	有轻微少量，不超过五处	明显处无
	优良	有轻微少量	有轻微少量，不超过三处	无
颜色、砂眼、划痕	合格	—	颜色一致	正视颜色一致，有轻微少量砂眼、划痕
	优良	—	颜色一致，有轻微少量砂眼、划痕	正视颜色一致，无砂眼、无划痕
装饰线、分格线平直（拉5m线检查，不足5m拉通线）	合格	—	偏差不大于3mm	偏差不大于2mm
	优良	—	偏差不大于2mm	偏差不大于1mm
门窗灯具等	合格	基本洁净	基本洁净	门窗洁净，灯具基本洁净
	优良	洁净	洁净	洁净

2. 质量控制

监控项目	检查内容	质量控制
刷浆施工条件	1）检查条件和环境 2）检查湿度和温度 3）检查样板间	1）刷浆工程应在抹灰工程、地面工程、木装修工程、水暖电气安装工程等全部完成后，并在清洁干净的环境下施工 2）冬期施工，室内刷浆应在采暖条件下进行，并应保持均衡的室温，以防止浆膜受冻 3）浆膜干燥前，应防止灰尘沾污 4）刷浆工程施工前，应根据设计要求做样板间，经有关部门同意认可后，才准大面积施工
一般刷浆工程	1）基层处理 2）浆液品种及配比 3）腻子选用 4）分色线	1）基层表面必须干净、平整。表面麻面等缺陷应用腻子填平并用砂纸磨光磨平 2）要做到颜色均匀、分色整齐，不漏刷、不透底，每个房间要先刷顶棚，后由上而下一次完成。完成后的产品，应加以保护，不得损坏 3）现场配制刷浆涂料，应经试验确定，必须保证浆膜不脱落、不掉粉 4）湿度较大的房间刷浆时，应采用具有防潮性能的腻子和涂料 5）机械喷浆可不受喷涂遍数的限制，以达到质量要求为准。门窗、玻璃等不刷浆的部位应遮盖，以防沾污 6）室外刷浆，同一墙面应用相同的材料和配合比。涂料在施工时，应经常搅拌，每遍涂层不应过厚，涂刷均匀。若分段施工时，其施工缝应留在分格缝、墙的阴阳角处或水落管后 7）顶棚与墙面分色处，应弹浅色分色线。用排笔刷浆时，笔路长短应齐，均匀一致，干后不许有明显的接头痕迹 8）室内刷浆，一面墙必须一次刷完。刷上部时溅到下部的闪点，要用铲刀及时铲除掉，以免妨碍平整美观
美术刷浆工程	1）一般刷浆质量 2）美术刷浆的品种、工艺、用料	1）美术刷浆应在完成相应等级的一般刷浆干燥后方可进行 2）套色花饰的图案，按漏板顺序进行，应在前一板漏花干燥后再进行下一板的漏花；多次套色时，先套中间色，后浅色，最后深色，要达到质感清晰，协调美观 3）滚花应先在一般刷浆表面弹出粉线，滚筒沿粉线自上而下地进行，不得歪斜 4）甩水色点，一般先甩深色点，而后甩浅色点；不同颜色的大小甩点，应分布均匀 5）划分色线（褪色线）和格线（分格线），必须待图案完成后进行，并做到横平竖直，接头吻合

（三）裱糊工程质量标准

1. 一般规定

项　目	内　容
适用范围	适用于裱糊、软包等分项工程的质量验收
验收时应检查的文件和记录	1）裱糊与软包工程的施工图、设计说明及其他设计文件 2）饰面材料的样板及确认文件 3）材料的产品合格证书、性能检测报告、进场验收记录和复验报告 4）施工记录
各分项工程检验批的规定划分	同一品种的裱糊或软包工程每 50 间（大面积房间和走廊按施工面积 $30m^2$ 为一间）应划分为一个检验批，不足 50 间也应划分为一个检验批
检查数量的规定	1）裱糊工程每个检验批应至少抽查 10%，并不得少于 3 间，不足 3 间时应全数检查 2）软包工程每个检验批应至少抽 20%，并不得少于 6 间，不足 6 间应全数检查
基层处理应达到的要求	1）新建筑物的混凝土或抹灰基层墙面在刮腻子前应涂刷抗碱封闭底漆 2）旧墙面在裱糊前应清除疏松的旧装修层，并涂刷界面剂 3）混凝土或抹灰基层含水率不得大于 8%；木材基层的含水率不得大于 12% 4）基层腻子应平整、坚实、牢固，无粉化、起皮和裂缝；腻子的粘结强度应符合《建筑室内用腻子》JG/T 3049—1998）N 型的规定 5）基层表面平整度、立面垂直度及阴阳角方正应达到高级抹灰的要求 6）基层表面颜色应一致 7）裱糊前应用封闭底胶涂刷基层

2. 裱糊工程

项　目	内　　容
适用范围	适用于聚氯乙烯塑料壁纸、复合纸质壁纸、墙布等裱糊工程的质量验收
主控项目	1）壁纸、墙布的种类、规格、图案、颜色和燃烧性能等级必须符合设计要求及国家现行标准的有关规定 检验方法：观察；检查产品合格证书、进场验收记录和性能检测报告 2）裱糊工程基层处理质量应符合“1. 一般规定——基层处理应达到的要求”中的规定 检验方法：观察；手摸检查；检查施工记录 3）裱糊后各幅拼接应横平竖直，拼接处花纹、图案应吻合，不离缝，不搭接，不显拼缝 检验方法：观察；拼缝检查距离墙面 1.5m 正视 4）壁纸、墙布应粘贴牢固，不得有漏贴、补贴、脱层、空鼓和翘边 检验方法：观察；手摸检查
一般项目	1）裱糊后的壁纸、墙布表面应平整，色泽应一致，不得有波纹起伏、气泡、裂缝、皱折及斑污，斜视时应无胶痕 检验方法：观察；手摸检查 2）复合压花壁纸的压痕及发泡壁纸的发泡层应无损坏 检验方法：观察 3）壁纸、墙布与各种装饰线、设备线盒应交接严密 检验方法：观察 4）壁纸、墙布边缘应平直整齐，不得有纸毛、飞刺 检验方法：观察 5）壁纸、墙布阴角处搭接应顺光，阳角处应无接缝 检验方法：观察

3. 软包工程

项　目	内　　容
适用范围	适用于墙面、门等软包工程的质量验收
主控项目	1）软包面料、内衬材料及边框的材质、颜色、图案、燃烧性能等级和木材的含水率应符合设计要求及国家现场标准的有关规定 检验方法：观察；检查产品合格证书、进场验收记录和性能检测报告 2）软包工程的安装位置及构造做法应符合设计要求 检验方法：观察；尺量检查；检查施工记录 3）软包工程的龙骨、衬板、边框应安装牢固，无翘曲，拼缝应平直 检验方法：观察；手扳检查 4）单块软包面料应有接缝，四周应绷压平密 检验方法：观察；手摸检查
一般项目	1）软包工程表面应平整、洁净，无凹凸不平及皱折；图案应清晰、无色差，整体应协调美观 检验方法：观察 2）软包边框应平整、顺直、接缝吻合。其表面涂饰质量应符合规定 检验方法：观察；手摸检查 3）清漆涂饰木制边框的颜色、木纹应协调一致 检验方法：观察 4）软包工程安装的允许偏差和检验方法应符合附表的规定

软包工程安装的允许偏差和检验方法　　　附表

项　　目	允许偏差(mm)	检 验 方 法
垂直度	3	用 1m 垂直检测尺检查
边框宽度、高度	0，−2	用钢直尺检查
对角线长度差	3	用钢直尺检查
裁口、线条接缝高低差	1	用钢直尺和塞尺检查

七、安 全 防 护

（一）油漆工安全操作规程

（1）各种油漆材料(汽油、漆料、稀料)应单独存放在专用库房内，不得与其他材料混放。库房应通风良好。易挥发的汽油、稀料应装入密闭容器中，严禁在库房内吸烟和使用任何明火。

（2）油漆涂料的配制应遵守以下规定：

1）调制油漆应在通风良好的房间内进行。调制有害油漆涂料时，应戴好防毒口罩、护目镜，穿好与之相适应的个人防护用品。工作完毕应冲洗干净。

2）工作完毕，各种油漆涂料的溶剂桶(箱)要加盖封严。

3）工作人员应进行体检，患有眼病、皮肤病、气管炎、结核病者不宜从事此项作业。

（3）使用人字梯应遵守以下规定：

1）高度 2m 以下作业(超过 2m 按规定搭设脚手架)使用的人字梯应四脚落地，摆放平稳，梯脚应设防滑橡胶垫和保险拉链。

2）人字梯上搭铺脚手板，脚手板两端搭接长度不得少于 20cm。脚手板中间不得同时两人操作，梯子挪动时，作业人员必须下来，严禁站在梯子上踩高跷式挪动。人字梯顶部铰轴不准站人，不准铺设脚手板。

3）人字梯应经常检查，发现开裂、腐朽、榫头松动、缺挡等不得使用。

（4）使用喷灯应遵守以下规定：

1）使用喷灯前应首先检查开关及零部件是否完好，喷嘴要畅通。

2）喷灯加油不得超过容量的4/5。

3）每次打气不能过足。点火应选择在空旷处，喷嘴不得对人。气筒部分出现故障，应先熄灭喷灯，再行修理。

（5）外墙、外窗、外楼梯等高处作业时，应系好安全带。安全带应高持低用，挂在牢靠处。油漆窗户时，严禁站在或骑在窗栏上操作，刷封沿板或水落管时，应利用脚手架或专用操作平台架上进行。

（6）刷坡度大于25°的铁皮层面时，应设置活动跳板、防护栏杆和安全网。

（7）刷耐酸、耐腐蚀的过氧乙烯涂料时，应戴防毒口罩。打磨砂纸时必须戴口罩。

（8）在室内或容器内喷涂，必须保持良好的通风。喷涂时严禁对着喷嘴察看。

（9）空气压缩机压力表和安全阀必须灵敏有效。高压气管各种接头应牢固，修理料斗气管时应关闭气门，试喷时不准对人。

（10）喷涂人员作业时，如头痛、恶心、心闷和心悸等，应停止作业，到户外通风处换气。

（二）涂料施工中的安全防护措施

1. 防火防爆

（1）防火、防爆一般知识

涂料及稀料绝大部分都是可挥发且易燃物质，在涂装过程中形成的漆雾，有机溶剂蒸汽、粉尘等与空气混合、积聚到一定的浓度范围时一旦接触到火源，极易引起火灾，当达到一定浓度时甚至可以引发爆炸事故。

众所周知，火灾发生的必备条件为空气、可燃物、火源，缺一不可，空气无可避免，只有使可燃物与火源隔离，就可以有效地控制火灾的发生。

由于闪点、爆炸界限与涂料及其溶剂的沸点、挥发速率有关。

（2）防火和防爆安全注意事项

1）涂料施工中应注意所处场所的溶剂蒸发浓度不能超过上述规定的范围，贮存涂料和溶剂的桶应盖严，避免溶剂挥发。工作场所应有排风和排气设备，以减少溶剂蒸汽的浓度。在有限空间内施工，除加强通风外，还要防止室内温度过高。

2）施工现场严禁吸烟，不准携带火柴、打火机和其他火种进入工作场地。如必须生火，使用喷灯、烙铁、焊接时，必须在规定的区域内进行。

3）施工中，擦涂料和被有机溶剂污染的废布、棉球、棉纱、防护服等应集中并妥善存放，特别是一些废弃物要存放在贮有清水的密闭桶中，不能放置在灼热的火炉边或散热器管、烘房附近，避免引起火灾。

4）各种电气设备，如照明灯、电动机、电气开关等，都应有防爆装置。要定期检查电路及设备的绝缘有无破损，电动机有无超载，电器设备是否可靠接地等。

5）在涂料施工中，尽量避免敲打、碰撞、冲击、摩擦铁器等动作，以免产生火花，引起燃烧。严禁穿有铁钉皮鞋的人员进入工作现场，不用铁棒启封金属漆桶等。

6）防止静电放电引起的火花，静电喷枪不能与工件距离过近，消除设备、容器和管道内的静电积累，在有限空间生产和涂装时，要穿着防静电的服装等。

7）防止双组分涂料混合时的急剧放热，要不断搅拌涂料，并放置在通风处。铝粉漆要分罐包装，并防止受潮产生氢气自燃等。在预热涂料时，不能温度过高，且不能将容器密闭，需开口，不用明火加热。

8）生产和施工场所，必须备有足够数量的灭火器具、石棉毡、黄砂箱及其他防火工具，施工人员应熟练使用各种灭火器材。

9）一旦发生火灾，切勿用水灭火，应用石棉毡、黄砂、灭火器(二氧化碳或干粉)等进行灭火，同时要减少通风量。如工作服着火，不要用手拍打，就地打滚即可熄灭。

10）大量易燃物品，应存放在仓库安全区内，施工场所避免存放大量的涂料、溶剂等易燃物品。

（3）施工现场安全指导

施工现场经常会出现很多突发事件，作为工长，应该对工人有一定的现场安全指导，当发生火灾爆炸事件时，才能将损失降低到最少。

1）应该让油漆工知道常用的灭火方法。常用灭火方法有以下三种：

A. 固体燃料引起的燃烧（如木材、纸或垃圾）应用水或碳酸钠灭火器。

B. 液体或气体引起的燃烧（如涂料、溶剂）应用泡沫、粉末或气体灭火器材切除氧气的供应。

C. 电气设备发生的火焰（电机、电线、开关）用非导电灭火材料隔离扑灭。

2）掌握一般灭火的处理方法。

A. 先使被烧者面向下躺卧，避免火焰烧到脸部。

B. 用水或其他非易燃液体扑灭火焰。

C. 用毯子或衣物将人裹住，隔离空气直至火焰熄灭（不可使用尼龙或其他合成纤维包裹）。

当只有一个人时，应在地面上滚动，用附近的可覆盖的物件灭火，不可乱跑。

2. 防毒

（1）防毒一般知识

在涂料施工过程中，使用的溶剂和某些颜料、助剂、固化剂等都是严重危害作业人体的有害物质。例如，苯类、甲醇、甲醛等溶剂的蒸汽挥发到一定浓度时，对人体皮肤、中枢神经、造血器官、呼吸系统等都有侵袭、刺激和破坏作用。铅（烟、尘）、铬（尘）、粉尘、氧化锌（烟雾）、甲苯二异氰酸酯、有机胺类固化剂、煤焦沥青、氧化亚铜、有机锡等均为有害物质，若吸入体内容易引起急性或慢性中毒，促使皮肤或呼吸系统过敏。各种有害物质均有其特性，毒性也不一，在空气中有最高允许浓度。为保证操作者身体健康必须靠排气或换气来使空气中的溶剂等有害物质蒸汽浓度低于最高允许浓度，达到确保长期不受损害的安全浓度。

（2）防毒安全措施

1）加强涂料施工场所的排气和换气，定期检查有害物质蒸汽的浓度，确保空气中的蒸汽浓度低于最高允许浓度，一般最高允许浓度是毒性下限值的1/10～1/2。

2）在涂料施工时，尽量少用或不用毒性较大的苯类、甲醇等溶剂作为稀释剂，可采用毒性较小的高沸点芳烃溶剂或新型绿色芳烃类溶剂替代。对某些有害的已是国际上禁用添加物质尽量不选用或选用有害物质含量较低的涂料。

3）在建筑物室内施工时，尽量选用绿色水性无溶剂涂料，如水性的高质量乳胶漆等品种进行涂装。不要使用含甲醛、有机溶剂类物质的涂料和胶粘剂。施工完成后，要经过一定时间，并开窗换气，待有害物质挥发完后，再进入使用期。

4）涂料对人体的毒害，除呼吸道吸入之外，还可通过皮肤或胃的吸收而中毒，某些毒物皮肤吸收的含量远远大于呼吸道的吸入量。因此尽量避免有害物质触及皮肤，同时应将外露皮肤擦上医用凡士林或专用液体防护油，禁止在生产和施工中吃东西。在作业时，应戴好防毒口罩和防护手套，穿上工作服，配戴防护眼镜等。

5）工作场所必须有良好的通风、防尘、防毒等设施，在没有防护设备的情况下，应将门窗打开，使空气流通。

6）在罐、箱、船舱等密闭空间内的涂装工作人员应具有一定的资质和生产经验，应穿着防护服和使用防毒面具或送风罩，加强通风，换气量需每小时20～30次，并将新鲜空气尽可能送到操作人员面部。一般操作人员至少要有两人，并定期轮换人员。在进口处外面设置标志，并应有专人负责安全监护，随时与密闭空间操作人员保持联系，准备急救用具。

7）对于毒性大、有害物质含量较高的涂料不宜采用喷涂、淋涂、浸涂等方法涂装。喷涂时，被漆雾污染的空气在排出前应过滤，排风管应超过屋顶1m以上。在喷漆室内操作时，应先开风机，后起动喷涂设备；作业结束时，应先关闭喷涂设备，后关风机。全面排风系统排出有害气体及蒸汽时，其吸风口应设在有害物质浓度最大的区域，全面排风系统气流组织的流向应避免有害物质流经操作者的位置。

8）注意某些对大漆、酚醛、呋喃树脂、聚氨酯涂料过敏的施工人员，重者会患皮肤过敏症。若皮肤已皲裂、瘙痒，可用2%稀氨水或10%碳酸钾水溶液擦洗，或用5%硫代硫酸钠水溶液擦拭，并应立即就诊治疗。对大漆过敏的人较多，可用改性漆酚代替大漆。接触大漆一段时期后，过敏症状会逐步减轻，将明矾和铬矾碾成粉末，用开水溶解，擦拭患处，也可洗澡时使用，需用温水洗涤，7d可痊愈。在涂料生产和施工后，应到通风处休息，并多喝开水。

9）禁止未成年人和怀孕期、哺乳期妇女从事密闭空间作业和含有机溶剂、含铅等成分涂料的喷涂作业。

3. 防尘

灰尘主要来自基层处理和打磨，灰尘飘浮在空气中，被吸入呼吸道，会影响肺部功能，故应避免在有灰尘环境下作业。清除灰尘不宜采用人工扫刷。有条件的要使用吸尘器，也可以采取湿作业。在有灰尘的环境下作业，要戴口罩、戴眼睛防护罩。

4. 防坠

高处坠落是建筑施工常发事故，为“五大伤害”之一。凡在有可能坠落高度基准面2m以上（含2m）高处进行涂饰、或安装门窗玻璃，均称高处作业。高处作业必须严格执行

《建筑施工高处作业安全技术规范》JCJ 80—1991，要穿紧口工作服、脚穿防滑鞋、头戴安全帽、腰系安全带。

室外作业，一定要先搭好脚手架，当使用吊篮作业时，一定要注意吊篮的安全性，多方面采取保护措施。禁止在阳台栏杆等处作业。

室内作业，须攀登时应从规定的通道上下，不得在阳台之间及非规定的通道攀登、翻跃。上下梯子时，必须面对梯子，双手扶牢，不得手持物件攀登。

室内涂饰或裱糊，应选用双梯，两梯之间要系绳索固定角度，严禁站在双梯的压档上作业。

防坠物打击。在高处作业暂时不用的工具应装入工具袋（箱）。安装门窗玻璃不得在垂直方向上下两层同时进行，安装玻璃的下方，应加拦护并警示行人注意。

5. 防触电

触电事故也是安全事故的“五大伤害”之一。大面积的涂饰工程和大工程量的门窗玻璃安装，越来越多的使用中、小型电动机具，应注意安全用电。

选用手持电动工具，要根据作业环境决定。

电动工具的分类：

Ⅰ类：适用于干燥作业场所。

Ⅱ类：适用于比较潮湿的作业场所。

Ⅲ类：适用于特别潮湿的作业场所和在金属容器内作业。

使用电气设备、线路必须绝缘良好，必须按规定接零接地。工具使用前，应经专职电工检验接线是否正确，作业人员按规定穿戴绝缘防护用品(绝缘鞋、绝缘手套等)。

发生有人触电，要首先关闭电源，再进行抢救。

（三）油漆工程作业安全技术措施

(1) 进入现场，必须戴好安全帽，扣好帽带，并正确使用个人劳动防护用具。

(2) 凡不符合高处作业的人员，一律禁止高处作业，并严禁酒后高处作业。

(3) 严格正确使用劳动保护用品。遵守高处作业规定，工具必须入袋，物件严禁高处抛掷。

(4) 悬空作业处应有牢靠的立足处，并必须视具体情况，配置防护网、栏杆或其他安全设施。

(5) 施工场地应有良好的通风条件，如在通风条件不好的场地施工时必须安装通风设备，方能施工。

(6) 在用钢丝刷、板锉、气动、电动工具清除铁锈、铁鳞时，为避免眼睛沾污和受伤，应戴上防护眼镜。

(7) 在涂刷或喷涂对人体有害的油漆时，需戴上防护口罩，如对眼睛有害，需戴上密闭式眼镜进行保护。

(8) 在涂刷红丹防锈漆及含铅颜料的油漆时，应注意防止铅中毒，操作时要戴口罩。

(9) 在喷涂硝基漆或其他挥发性、易燃性溶剂稀释的涂料时，严禁使用明火。

(10) 高处作业需系安全带。

(11) 为了避免静电集聚引起事故，对罐体涂漆或喷涂设备应安装接地装置。

(12) 涂刷大面积场地时，(室内)照明和电气设备必须按防火等级规定进行安装。

(13) 操作人员在施工时感觉头痛、心悸或恶心时，应立即离开工作地点，到通风良好处换换空气。如仍不舒服，应去保健站治疗。

（14）在配料或提取易燃品时严禁吸烟，浸擦过清油、清漆、油的棉纱、擦手布不能随便乱丢，应投入有盖金属容器内及时处理。

（15）使用的人字梯不准有断档，拉绳必须系牢并不得站在最上一层操作，不要站在高梯上移位，在光滑地面操作时，梯子脚下要绑布或其他防滑物。

（16）不得在同一脚手板上交叉工作。

（17）油漆仓库严禁明火入内，必须配备相应的灭火器。不准装设小太阳灯。

（18）各类油漆和其他易燃、有毒材料，应存放在专用库房内，不得与其他材料混放。挥发性油料应装入密闭容器内，妥善保管。

（19）库房应通风良好，不准住人，并设置消防器材和“严禁烟火”明显标志。库房与其他建筑应保持一定的安全距离。

（20）用喷砂除锈，喷嘴接头要牢固，不准对人。喷嘴堵塞，应停机消除压力后，方可进行修理或更换。

（21）使用煤油、汽油、松香水、丙酮等调配油料，应先戴好防护用品，严禁火种。

（22）刷外开窗扇，必须将安全带挂在牢固的地方。刷封檐板、水落管等应搭设脚手架或吊架。在坡度大于25°的铁皮屋面上刷油，应设置活动板梯、防护栏杆和安全网。

（23）使用喷灯，加油不得过满，打气不应过足，使用的时间不宜过长，点火时喷嘴不准对人。

（24）使用喷浆机手上沾有浆水时，不准开关电闸，以防触电。疏通堵塞的喷嘴时不准对人。

参 考 文 献

[1] 艾伟杰编．建筑油漆工．北京：中国环境科学出版社，1998.

[2] 黄瑞先编著．油漆工基本技术(修订版)．北京：金盾出版社，2000.

[3] 韩实彬主编．油漆工长．北京：机械工业出版社，2007.

[4] 北京城建科技促进会等编．建筑安装分项工程施工工艺规程．北京：中国市场出版社，2004.

[5] 国家职业资格培训教材编审委员会陈永主编．装饰涂裱工(中级)．北京：机械工业出版社，2006.

[6] 张亚英，甄进平编著．建筑装饰装修施工实用技术．北京：金盾出版社，2002.